前書き

　公益社団法人全国経理教育協会では、専門学校や高等学校の学生のほか、一般社会人を対象に年5回電卓計算能力検定試験を実施しています。

　電卓は、電卓を打つ手元を見ずにキー操作をすること（タッチメソッド）や、電卓のしくみや機能を知ることによってキー操作を省略することにより、速く計算することができます。電卓検定ではこれらの技能が一定水準以上であるかが試されます。

　電卓検定は、乗算・除算・見取算・複合算の4種目と、3級以上は伝票算も加わり5種目で実施されます。乗・除算は珠算検定のそれとは違い、小計・合計・パーセントなど若干複雑な計算が盛り込まれており、計算量も多いです。しかし、GT機能やメモリー機能、定数計算など電卓特有の機能を使いこなせば、それほど難しいものではありません。複合算も同様に、電卓の機能を使いこなせれば、いくつかの計算が組み合わされてはいますが、一連の計算で解答できます。

　見取算・伝票算は珠算とまったく同形式です。ただし、伝票算については、左手で電卓操作をする人が右手で伝票算をめくることも許されています。両者とも特殊なキー操作はありませんので、タッチメソッドのみの試験といえます。

　本書では、巻頭に電卓検定問題を解答するに当たり、最低限必要と思われる事項を「電卓計算のポイント」として簡潔にまとめてあります。練習問題に入る前にじっくりと学習してから練習問題に臨んでください。また、より詳しい電卓の説明が必要な方や、さらに電卓を勉強したい方は当社刊『速算電卓の基礎演習』『EL-G37完全攻略テキスト』をご覧ください。

　練習問題は「試験規則」及び「出題範囲」に準拠した模擬問題を、2階級各10回ずつ収録してあります。電卓の場合、同じ練習問題をくり返し練習することも上達の秘訣ですが、さらにたくさんの問題で練習したい方は『全経電卓計算直前模試』をご使用ください。

　答案の記入につきましても、検定規則でいくつかの決まりがあります。答案記入上の注意と審査（採点）基準を参照の上、正しく答を記入する練習をしましょう。

　解答については、検定試験では採点箇所となっていないと思われるところにもすべて解答が示されています。

　なお、本書には伝票算は収録されておりませんので、別売の伝票算問題集を併せて学習してください。

目次

電卓計算のポイント

Ⅰ．電卓の選び方

公益社団法人全国経理教育協会主催の電卓計算能力検定試験においては、使用する電卓のメーカーや機種についての指定はありませんが、機能については以下の3点を持ち合わせているものを使うこととなっています。

① 12桁以上で試験場に電源を求めないもの

② グランドトータルキーのついているもの

③ メモリーキーやパーセントキーのついているもの

その他、速算に向く**葉書大のハンディーサイズ**であることや**端数処理機能**のついていること、また、上級に進むことを視野に入れて**小数部桁指定（ＴＡＢ）スイッチが4位**（できれば**5位**）まであるものが望ましいです。

Ⅱ．乗算・除算のポイント

1）注意書きの説明

（注意）無名数で小数第3位未満の端数が出たとき、名数で円位未満の端数が出たとき、パーセント小数第2位未満の端数が出たときは四捨五入すること。

---

① 名数と無名数

「無名数」とは名前の無い数、「名数」とは名前のある数のことです。言い換えれば名数は「単位」のついている数といえます。No.1〜No.10は数字の前後に単位を表す記号が無いので無名数、No.11〜No.20は数字の前に「¥」記号があるので名数です。

『円位未満』とは1円未満の数字、つまり小数のことです。小数以下に数字のある場合には端数処理をします。

② 端数処理

「端数（はすう）」とは余りの数、「処理」とは切上げ／切捨て／四捨五入のいずれかを行うことです（電卓検定の乗・除算では段位から3級まですべて四捨五入です）。

例えば、『小数第3位未満の端数が出たときは四捨五入をすること』という注意書きのある場合に、電卓に『0.1457』と表示されていたら、小数第3位未満の端数である『7』を四捨五入し、答は『0.146』となります。

③ 電卓における端数処理

電卓における端数処理は、ＴＡＢスイッチとラウンドスイッチをセットしておくことにより、自動的に処理されます。

ＴＡＢスイッチ

F543210A

端数処理する桁を指定するスイッチです。

F　　　『フローティング』といいます。小数部の桁数を表示部いっぱいまで表示します。

0〜5　「5」に合わせれば小数第5位未満を、「4」に合わせれば4位未満を、「0」に合わせれば整数未満を端数処理します。

A　　　『アディングモード』といいます。加減算において整数を置数した場合に、自動的に置数値の下位から2桁を小数として表示します。

（注）電卓検定においてアディングモードは使用しません。

ラウンドスイッチ　　　四捨五入／切上げ／切捨てのいずれを行うかを指定するスイッチです。

⇧ 5/4 ⇩　　F CUT 5/4　　　⇧（UP）　：切上げ

シャープ製　　カシオ製　　5/4　　　：四捨五入

⇩（CUT）：切捨て

そこで、乗除算を電卓で計算する場合、

・無名数の計算の時（No.1～No.10）にはＴＡＢスイッチを『3』
・名　数の計算の時（No.11～No.20）には　　〃　　　『0』
・パーセントの計算の時にはＴＡＢスイッチを『2』

に合わせ、ラウンドスイッチを『5/4（四捨五入）』にセットして計算をすると、自動的に端数処理をした答が表示されます。

　普通の乗・除算からパーセント計算に入るときや、逆にパーセント計算から普通の乗・除算に入るときにＴＡＢスイッチの切替を忘れないようにしましょう。

2）計算順序とポイント

① ＴＡＢスイッチ・ラウンドスイッチの設定

　まず、乗算・除算問題を計算する時は、電卓で自動的に端数処理をさせるため、注意書きのとおりにＴＡＢスイッチとラウンドスイッチをセットします。

　ただし、ＴＡＢスイッチの設定は、普通計算からパーセント計算に移るとき、パーセント計算から普通計算に移るときと計3回切り替える必要があります。

　ラウンドスイッチの場合は、乗算・除算とも、普通計算もパーセント計算もすべて四捨五入のため、最初に5/4（四捨五入）にセットしておけば、計算の途中で切り替える必要はありません。

② 計算順序

　乗・除算は、右ページ計算例の（ア）～（ム）の順に計算して行きます。

> （注）　乗・除算は大きく分けて無名数の計算（No.1～No.10）と名数の計算（No.11～No.20）に分けられます。両者とも計算順序は同じですので、ここでは名数の計算順序は省略しています。
>
> 　　　また、このキー操作はシャープ製電卓を元に作成しています。カシオ製電卓の場合は（　）内のとおりにキー操作をします（表示部は ^M_G が左すみに点灯し、定数計算時に"K"が表示されます）。

③ 小計と合計

　小計①（カ）と小計②（チ）はＧＴで、合計（ヌ）は**独立メモリー**で求めます。そのため、小計を求めた後にM+キーを押し（手順8と23）、メモリー入力することを忘れないようにしましょう。

　（注）次ページのキー操作において、GTはＧＴを求めるために、GTはＧＴメモリーを消去するための操作です。

　ＧＴとはグランドトータル（Grand Total）の頭文字で、= % M+ M- を押すことによって求められる**計算結果をＧＴメモリーに累算していく機能**です。この求められたＧＴの値は、ＧＴキーを押すことによって見ることができます。例えば、手順4の段階ではＧＴの値はいくつでしょうか。この段階では（ア）～（ウ）まで計算しましたから、ＧＴメモリー内で（ア）～（ウ）の答が累算され、ＧＴの値は（1,915,662＋4,334,514＋1,298,700＝）7,548,876となります。同じく手順5では（1,915,662＋4,334,514＋1,298,700＋4,435,965＝）11,984,841になります。

④ パーセントの計算

　全経電卓検定の場合、パーセントの計算は2列あります。左側のパーセントは、小計①に対するNo.1～No.5の各々の比率（キ）～（サ）と、小計②に対するNo.6～No.10の各々の比率（ツ）～（ニ）を求めさ

◎計算例とキー操作

1	2,683 × 714	=	(ア)	1,915,662	(キ) ●	12.50 %	(ネ)	6.97 %
2	5,046 × 859	=	(イ) ●	4,334,514	(ク)	28.28 %	(ノ)	15.78 %
3	1,350 × 962	=	(ウ)	1,298,700	(ケ) ●	8.47 %	(ハ)	4.73 %
4	729 × 6,085	=	(エ)	4,435,965	(コ)	28.94 %	(ヒ) ●	16.15 %
5	8,237 × 406	=	(オ) ●	3,344,222	(サ)	21.82 %	(フ)	12.18 %
	No.1〜No.5 小 計① =		(カ)	15,329,063 ◀	100	%		
6	9,815 × 743	=	(シ)	7,292,545	(ツ)	60.09 %	(ヘ)	26.55 %
7	6,702 × 198	=	(ス) ●	1,326,996	(テ)	10.93 %	(ホ)	4.83 %
8	1,564 × 237	=	(セ)	370,668	(ト)	3.05 %	(マ) ●	1.35 %
9	30,498 × 51	=	(ソ) ●	1,555,398	(ナ)	12.82 %	(ミ)	5.66 %
10	4,971 × 320	=	(タ)	1,590,720	(ニ) ●	13.11 %	(ム)	5.79 %
	No.6〜No.10 小 計② =		(チ)	12,136,327 ◀	100	%		
	(小計①+②)合 計 =		(ヌ) ●	27,465,390 ◀			100	%

F 5 4 3 2 1 0 A　⇧5/4⇩
手順 [■]　　　　　　　　[■]

1. CA（AC MC）　　　　　　　　　　0.
2. 2683×714= (ア)　　　1'915'662. G
3. 5046×859= (イ)　　　4'334'514. G
4. 1350×962= (ウ)　　　1'298'700. G
5. 729×6085= (エ)　　　4'435'965. G
6. 8237×406= (オ)　　　3'344'222. G
7. GT (カ)　　　−15'329'063. G
8. M+ 　　　　15'329'063. M/G
9. GT GT（カシオ製なし）　15'329'063. M

F 5 4 3 2 1 0 A　⇧5/4⇩
[■]　　　　　　　　[■]

10. ÷=（÷÷）　　　　0.00 M
11. 1915662% (キ)　　12.50 M/G
12. 4334514% (ク)　　28.28 M/G
13. 129870 00% (ケ)　　8.47 M/G
14. 4435965% (コ)　　28.94 M/G
15. 3344222% (サ)　　21.82 M/G
16. GT GT（AC）　　　100.01 M

F 5 4 3 2 1 0 A　⇧5/4⇩
[■]　　　　　　　　[■]

小計②

17. 9815×743= (シ)　　7'292'545. M/G
18. 6702×198= (ス)　　1'326'996. M/G
19. 1564×237= (セ)　　　370'668. M/G
20. 30498×51= (ソ)　　1'555'398. M/G
21. 4971×320= (タ)　　1'590'720. M/G
22. GT (チ)　　−12'136'327. M/G
23. M+ 　　　　12'136'327. M/G

小計①

合 計

F 5 4 3 2 1 0 A　⇧5/4⇩
手順 [■]　　　　　　　[■]

24. GT GT（カシオ製なし）　12'136'327. M
25. ÷=（÷÷）　　　　0.00 M
26. 7292545% (ツ)　　60.09 M/G
27. 1326996% (テ)　　10.93 M/G
28. 370668% (ト)　　3.05 M/G
29. 1555398% (ナ)　　12.82 M/G
30. 1590720% (ニ)　　13.11 M/G
31. GT GT（カシオ製なし）　100.00 M/G
32. RM（MR）　(ヌ)　−27'465'390. M
33. ÷=（÷÷）　　　　0.00 M
34. 1915662% (ネ)　　6.97 M/G
35. 4334514% (ノ)　　15.78 M/G
36. 129870 0% (ハ)　　4.73 M/G
37. 4435965% (ヒ)　　16.15 M/G
38. 3344222% (フ)　　12.18 M/G
39. 7292545% (ヘ)　　26.55 M/G
40. 1326996% (ホ)　　4.83 M/G
41. 370668% (マ)　　1.35 M/G
42. 1555398% (ミ)　　5.66 M/G
43. 1590720% (ム)　　5.79 M/G
44. GT GT（カシオ製なし）　−99.99 M

逆数計算（カシオ製は定数計算）

パーセントのGTが〜100（99.98〜100.02は許容範囲）%になれば、ここの計算は大方正答であると推測できる（シャープ製のみ）。

5

◎キー操作の説明

手順1：計算を始めるにあたり、電卓を"ご破算"します。

手順2～6：通常の乗算を計算します。計算式どおりに置数していき、（ア）～（オ）に記入します。

手順7：小計①（カ）をGTで求めます。

手順8：手順32で合計（ヌ）を求めるため、小計①をメモリー入力しておきます。

手順9：パーセント（キ）～（サ）のGTを"検算のため"に求めるには、ここでGT値を消去します（カシオ製はGT値のみを消去することはできないので、この操作はありません）。

手順10：パーセントは逆数計算（カシオ製は定数計算）で求めます。

手順11：（ア）の値を置数し、%を押すことにより、（キ）を求めます。

手順12～15：（ク）～（サ）は定数計算を用いると、（イ）～（オ）を入力し%を押すだけで求められます。

手順16：GTでパーセントのGTを求め、99.98～100.02の間であれば大方正答と推測できます。そして次の計算に備え、GTでGT値を消去します（カシオ製はGT値のみを消去することはできないので、ACでメモリー以外の数値を消去します）。

手順17～21：（シ）～（タ）を求めます。計算式どおりに置数します。

手順22：小計②（チ）をGTで求めます。

手順23：手順32で合計（ヌ）を求めるため、小計②をメモリー入力します。

手順24：パーセント（ツ）～（ニ）のGTを"検算のため"に求めるには、ここでGT値を消去します（カシオ製はGT値のみを消去することはできないので、この操作はありません）。

手順25：パーセントは逆数計算（カシオ製は定数計算）で求めます。

手順26～30：定数計算を用いて（ツ）～（ニ）を求めます。

手順31：GTでパーセントのGTを求め、99.98～100.02の間であれば大方正答と推測できます。右列のパーセントも同様に"検算のため"にGTを求めるには、ここでGTでGT値を消去します（カシオ製はGT値のみを消去することはできないので、この操作はありません）。

手順32：合計を求めるために小計①と②をメモリー内に加算していたので、RM（MR）で呼び出し、合計を求めます。

手順33：パーセントは逆数計算（カシオ製は定数計算）で求めます。

手順34～43：定数計算を用いて（ネ）～（ム）を求めます。

手順44：GTでパーセントのGTを求め、99.98～100.02の間であれば大方正答と推測できます（カシオ製にはこの操作はありません）。次のGTはGT値を消去するための操作ですが、次は手順1に戻りCAを押すので省略しても構いません）。

せる問題で、右側のパーセントは合計に対するNo.1～No.10の各々の比率（ネ）～（ム）を求めさせる問題です。ストローク数は多いですが、**逆数計算**や**定数計算**などの機能を用いることにより、キーストローク（打数）を省略できます。

　例えば、パーセント（キ）は $\dfrac{\text{問1の答（ア）}}{\text{小計①（カ）}}$ で求められますので、小計①を分母とした分数の計算を逆数計算機能を用いて行います。（ク）～（サ）も同じように逆数計算で求めますが、分母はすでに定数となっていますので、（イ）～（オ）の値を順次置数し%キーを押すだけで求められます（詳しい計算方法については当社刊『速算電卓の基礎演習』『EL-G37完全攻略テキスト』をご参照下さい）。

検　算　前ページのキー操作のように、パーセントのGTを求めてみましょう。パーセントのGTが100%（99.98～100.02は許容範囲）になれば、ここの計算は大方正答であると推測できます（シャープ製のみ）。

3）採点

　乗算と除算は、答を記入する箇所が普通の乗除算とパーセント計算を合わせて66箇所（段位は132箇所）ありますが、そのすべてを採点するわけではありません。乗算・除算の普通計算は26箇所のうち10箇所（段位は52箇所のうち20箇所）が、パーセント計算は40箇所のうち10箇所（同80箇所のうち20箇所）が採点対象（採点箇所）となります。そして1題につき5点で集計され、全問正答で（10＋10）×5点＝100点となります（段位は200点）。

　5ページの計算例を見て下さい。ここではすべて解答が埋まっていますが、試験では●のあるところだけが採点されます。しかし、受験者にはどの問題が採点対象となっているのかは分かりませんので、すべての答を記入する必要があります。

　また、1級において満点合格の場合には全国経理教育協会より「満点表彰」されますが、この場合は、採点箇所以外の答も正答である必要があります。

Ⅲ．複合算のポイント

　複合算とは、2つ以上の演算（加減乗除）を含む一連の計算式による問題で、電卓検定の場合は2つの演算が基本となっています。各問題は大まかに分類して4パターン、細かく分けても〈別表〉に掲げた21のパターンに分類されます。

　複合算はメモリー機能を使って計算します。各パターンのキー操作は〈別表〉以外にもある場合がありますが、表で示した手順ですべて計算できます。〈別表〉複合算の標準計算式とキー操作を必ずマスターしましょう。

1）注意書きの説明

> （注意）整数未満の端数が出たときは切り捨てること。ただし、端数処理は1題の解答について行うのではなく、1計算ごとに行うこと。

　複合算の端数処理は、「1計算ごとに」行うこととなっています。「1計算ごと」とは、〈別表〉におけるAとB、CとDの部分に当たる各々の計算をさします。現在の検定試験では、複合算20題（段位は40題）のうち、端数が出る問題は4題（同8題）程度含まれているようです。しかし、この4題が第何問目に出題されるかは分かりませんので、すべての問題において「1計算ごと」に端数処理をすることが必要です。

　電卓での端数処理は、計算結果を求めるキー、つまり M+ 、 M− 、 % 、 = のいずれかを押したときに実行されます。次ページの計算例でいえば、（35,081.4÷7.9）については手順5で M+ を押しているので、メモリー入力と同時に端数処理が実行されています。また、（371,604÷591.3）も同様に端数処理をするために、手順9で = を押し、端数処理をします。

　複合算20題のうち、端数処理を必要としない問題の方が圧倒的に多いのですが、どこに端数処理の必要な問題が出てくるか分からない以上、すべての問題で = を押さなくてはなりません。

2）採点

　すべて1題5点で採点され、20×5点＝100点（段位は40×5点＝200点）が満点です。

◎複合算の計算例　（注意）整数未満の端数が出た時は切り捨てること。ただし、端数処理は1題の解答について行うのではなく、1計算ごとに行うこと。

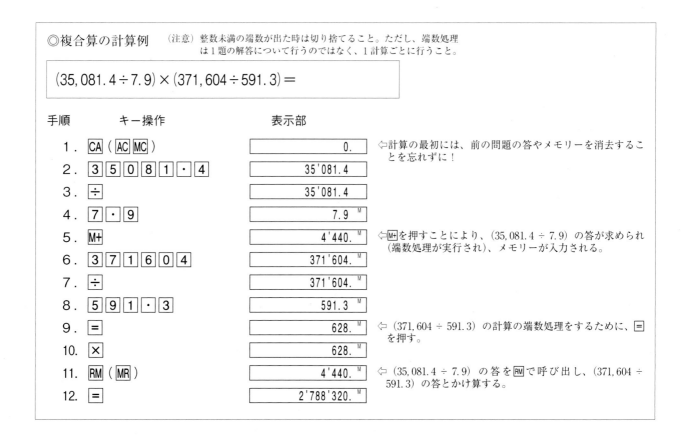

IV. 見取算のポイント

見取算は加減算のみの計算で、数字が枠に囲まれてはいますが、筆算式と同様です。難しいキー操作はありませんので、『タッチメソッド』を習得し、**いかに速くキーを打つか**に専念しましょう。

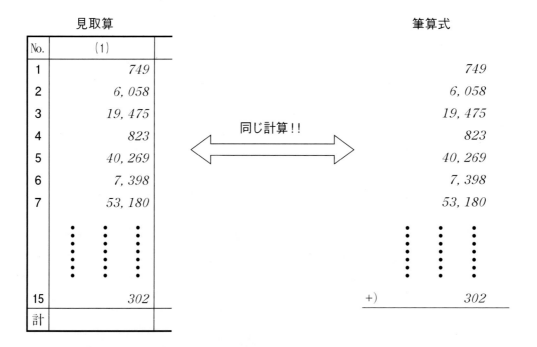

答案記入上の注意

答を記入する際には以下のことに気を付けましょう。

① 小数点「．」をつける。

② 整数部分が4桁以上になる答には、3位ごとにカンマ「，」をつける。

③ 名数の問題の答には、「¥」記号を省略しても良い。

④ 答を訂正したときに、欄外に答を記入した場合には、番号または矢印でどの問題の答であるかを明らかにする。

⑤ 端数処理をしたことにより生じた「0」は、書かなくとも良い。

なお、詳しくは以下の審査（採点）基準を参照のこと。

審査（採点）基準

電卓計算能力検定試験の答案審査（採点）は、次の基準にしたがって行う。

1．初審査は、赤鉛筆または赤ボールペンで、1題ごとに「〇・×」を答の数字に重ならないように記入する。

2．再審査は、1級以下は60点以上、段位は80点以上の答案を青鉛筆または青ボールペンで行う。得点が変更されるときは、青で訂正し、審査の責任者の認印を押す。

3．答案審査にあたって、次の各項に該当するものは無効とする。

　(1) 1つの数字が他の数字に読めたり、数字が判読できないもの。

　(2) 整数部分の4桁以上に3位ごとのカンマ「，」のないもの。

　(3) 整数未満に小数点「．」のないもの。

　(4) カンマ「，」や小数点「．」を上の方につけたり、区別のつかないもの。

　(5) カンマ「，」や小数点「．」と数字が重なっていたり、数字と数字の間にないもの。

　(6) 小数点「．」をマル「。」と書いたもの。

　(7) 無名数の答に円「¥」等を書いてあるもの。

　　　ただし、名数のときは円「¥」等を書いても、書かなくても正解とする。

　(8) 所定の欄に答を書いてないもの。

　　　ただし、見取算・伝票算は枠で囲まれた部分、乗算・除算・複合算は等号「＝」より右側枠内をその問題の答の所定欄とする。答が所定欄からはみ出したときは、その答の半分以内であれば有効とする。

　　　また、欄外に訂正し、番号または矢印を添えてあるものは有効とする。

　(9) 答の一部を訂正したもの。

　　≪例≫【電卓表示窓】1'234.567

　　　1,234.567　　　　　1,234.567
　　　1,233.567（正）　　1,233.567（正）
　　　　　　4
　　　1,233.567（誤）　　1,234\.567（誤）

　　　1,234.　　　　　　1,234.
　　　1,233.567（誤）　　1,234.567（誤）

　　　ただし、消しゴムでもとの数字を完全に消して、書き改めたものは有効とする。

　(10) 所定の欄にあらかじめ印刷してある番号を訂正したり、入れ替えたりしたもの。

(11) 答を縦に書いてあったり、小数部分を小さく書いたり、2行以上に書いてあるもの。

(12) 所定の欄に2つ以上の答が書いてあるもの。

4．答案記入上の例示

　端数処理した答は次のように扱う。(小数第3位未満の端数を四捨五入)

【電卓表示窓】

0．3695→0．370（正）　　0．37（正）　　　.370（正）　　　　.37（正）

2．3001→2．300（正）　　2．3（正）　　　　　　　　　2．30（誤）

(全国経理教育協会発行『検定の手引き』より)

※　電卓の場合、ＴＡＢスイッチのセットの仕方によっては、たとえ整数未満に端数のでない計算の場合でも、整数未満に『0』が表示される。つまり、小数の末尾の『0』が端数処理をしたことによって生じた『0』（上例のような）なのか、ＴＡＢスイッチをセットしていることにより表示された『0』なのかの判断はつきにくい。そこで、電卓検定において答案を記入する場合には、小数の末尾の『0』はなるべく書かない方が良い（ただし、最近の問題では、答の末尾に『0』のつく問題は採点箇所からはずれている傾向がある）。

検定電卓計算問題集

問題編

第1回　2級乗算問題 （制限時間10分）

（注意）無名数で小数第4位未満の端数が出たとき、名数で円位未満の端数が出たとき、パーセントの小数第2位未満の端数が出たときは四捨五入すること。

【禁無断転載】

採　点　欄

No.						%		%
1	49,162	×	1,623	=		%		%
2	56,310	×	6,482	=		%		%
3	65,981	×	3,720	=		%		%
4	39,257	×	2,854	=		%		%
5	830,746	×	519	=		%		%
No.1～No.5　小　計 ① =						1 0 0 %		
6	0.06429	×	0.9107	=		%		%
7	281.3	×	42.596	=		%		%
8	0.19074	×	70.81	=		%		%
9	75.408	×	8.375	=		%		%
10	9.4375	×	0.0368	=		%		%
No.6～No.10　小　計 ② =						1 0 0 %		
（小計 ① + ②）合　計 =								1 0 0 %
11	¥ 12,806	×	4,371	=		%		%
12	¥ 73,581	×	8,059	=		%		%
13	¥ 89,163	×	1,408	=		%		%
14	¥ 6,347	×	26,594	=		%		%
15	¥ 50,634	×	3,780	=		%		%
No.11～No.15　小　計 ③ =						1 0 0 %		
16	¥ 60,978	×	0.0147	=		%		%
17	¥ 27,019	×	0.9263	=		%		%
18	¥ 94,250	×	7.832	=		%		%
19	¥ 485,792	×	0.625	=		%		%
20	¥ 31,425	×	59.16	=		%		%
No.16～No.20　小　計 ④ =						1 0 0 %		
（小計 ③ + ④）合　計 =								1 0 0 %

第1回　2級除算問題 （制限時間10分）

採点欄

（注意）無名数で小数第4位未満の端数が出たとき、名数で円位未満の端数が出たとき、パーセントの小数第2位未満の端数が出たときは四捨五入すること。

【禁無断転載】

2級

No.						
1	21,658,820	÷	47,290	=	%	%
2	34,433,817	÷	3,509	=	%	%
3	15,372,420	÷	2,153	=	%	%
4	16,032,024	÷	8,324	=	%	%
5	39,139,077	÷	7,431	=	%	%
No.1～No.5　小　計① =					100 %	
6	3.4425112	÷	0.916	=	%	%
7	0.00460351	÷	0.0682	=	%	%
8	0.4120992	÷	1.968	=	%	%
9	5,121.5555	÷	6,075	=	%	%
10	36.888723	÷	58.47	=	%	%
No.6～No.10　小　計② =					100 %	
（小計①＋②）合　計 =						100 %
11	¥ 5,598,952	÷	2,936	=	%	%
12	¥ 38,300,120	÷	7,340	=	%	%
13	¥ 3,003,974	÷	1,259	=	%	%
14	¥ 27,823,717	÷	307	=	%	%
15	¥ 61,151,074	÷	9,418	=	%	%
No.11～No.15　小　計③ =					100 %	
16	¥ 361	÷	0.65781	=	%	%
17	¥ 44,310	÷	5.064	=	%	%
18	¥ 330,242	÷	46.75	=	%	%
19	¥ 2,560	÷	0.8192	=	%	%
20	¥ 401	÷	0.0823	=	%	%
No.16～No.20　小　計④ =					100 %	
（小計③＋④）合　計 =						100 %

採 点 欄

【禁無断転載】

No.	（1）	（2）	（3）	（4）	（5）
1	¥　315,670	¥　9,016,328	¥　80,594,372	¥　716,289	¥　469,285
2	26,783	37,019	923,681	57,160	2,075,391
3	1,437,568	149,250	67,894	8,421,576	68,917
4	67,548,910	5,268,147	1,304,958	368,401	89,523,640
5	957,806	750,463	852,719	43,570,698	-1,803
6	45,869,237	87,921,530	-5,160	1,689,347	-59,741
7	8,129	73,691	-128,057	72,913	-34,907,635
8	2,710,495	482,765	4,217,508	50,914,728	7,632,180
9	609,358	1,605,892	23,091,645	435,862	810,476
10	93,047	4,986	7,960,284	98,023,154	1,258,067
11	8,021,364	72,518,034	-69,413,570	2,907,536	791,328
12	90,542,186	26,107	-5,749,063	156,087	60,342,759
13	3,190,472	43,057,298	-38,716	40,279	-924,068
14	84,201	8,963,470	670,329	6,238,490	-5,183,402
15	276,593	645,983	86,432	9,305	76,594
計					

No.	（6）	（7）	（8）	（9）	（10）
1	¥　43,265	¥　24,357	¥　2,164	¥　403,928	¥　8,237,451
2	83,264,571	90,835,614	1,340,587	89,402	28,675
3	352,186	-542,096	463,795	-1,398,645	70,149,263
4	9,405,613	-87,164	21,378	-98,637,501	9,560,182
5	60,791,342	1,705,482	5,276,809	854,097	371,590
6	1,567,924	356,729	70,134,265	3,142,580	16,083,924
7	879,430	-72,098,641	657,412	12,076,895	72,309
8	7,081,259	-160,539	29,580,631	963,754	2,914,736
9	2,807	-4,216,908	15,923	6,275,810	608,415
10	5,930,768	53,971,280	968,054	16,473	85,067
11	648,071	8,659,407	6,809,243	5,640,917	951,843
12	42,176,935	-38,172	87,094,132	-29,386	53,497,680
13	25,103	-2,763	381,579	-701,269	4,530,218
14	380,594	483,910	27,408	-2,731	629,354
15	19,482	6,907,835	4,639,051	40,528,673	1,472
計					

採 点 欄

2 級

【禁無断転載】

（注意）整数未満の端数が出たときは切り捨てること。ただし、端数処理は1題の解答について行うのではなく、1計算ごとに行うこと。

No.	
1	$(76,042 + 35,198) \times (7,016 - 382) =$
2	$(49,175 - 6,035) \times (81,764 - 6,570) =$
3	$(135,407,348 + 49,761,328) \div (2,795 - 863) =$
4	$58,642 \times 19,037 + 41,702 \times 5,496 =$
5	$(402,960,875 \div 213) \div (368,197,601 \div 794,236) =$
6	$16,992,690 \div 3,495 + 86,975 \times 23,045 =$
7	$47,981 \times 362 - 64,770,417 \div 927 =$
8	$283,320,018 \div 486 - 19,732,434 \div 6,079 =$
9	$20,759 \times 6,843 + 33,153,728 \div 518,027 =$
10	$(15,807,632,891 \div 642) \div (1,902 \times 46) =$
11	$(547,502,592 \div 672) \times (3,331,548 \div 5,907) =$
12	$(9,975,102 + 2,950,698) \div (7,968 + 7,062) =$
13	$(3,591.6 + 2,807.4) \times (381.7 + 2,654.3) =$
14	$368,755,755 \div 479 - 176 \times 5,421 =$
15	$(598,617 \times 24,301) \div (425.6 \times 13.7) =$
16	$596,788,698 \div 8,107 + (6,879 + 53,241) =$
17	$(8,341.2 \times 765) \times (5,241.6 - 378.6) =$
18	$(348,567 \times 18,902) \div (156.2 \times 34.7) =$
19	$(7,360.79 + 9,845.21) \times (7,981.2 - 645.2) =$
20	$(5,968 \times 7,342) \div (5,901,243 \div 8,687) =$

第2回　2級乗算問題 （制限時間10分）

（注意）無名数で小数第4位未満の端数が出たとき、名数
で円位未満の端数が出たとき、パーセントの小数
第2位未満の端数が出たときは四捨五入すること。

No.				%	%
1	63,419	×	5,287 =		
2	23,560	×	8,492 =		
3	7,593	×	41,028 =		
4	546,782	×	930 =		
5	37,841	×	6,049 =		
No.1～No.5 小　計 ① =				100 %	
6	126.94	×	75.31 =		
7	0.89617	×	0.0753 =		
8	4.8125	×	0.1056 =		
9	90.278	×	30.65 =		
10	0.08316	×	29.74 =		
No.6～No.10 小　計 ② =				100 %	
（小計 ① + ②）合　計 =					100 %
11	¥ 35,608	×	1,839 =		
12	¥ 420,593	×	571 =		
13	¥ 69,187	×	3,640 =		
14	¥ 51,826	×	8,563 =		
15	¥ 23,719	×	9,452 =		
No.11～No.15 小　計 ③ =				100 %	
16	¥ 14,375	×	20.16 =		
17	¥ 8,064	×	0.03125 =		
18	¥ 87,942	×	0.6798 =		
19	¥ 70,431	×	0.4207 =		
20	¥ 96,250	×	7.984 =		
No.16～No.20 小　計 ④ =				100 %	
（小計 ③ + ④）合　計 =					100 %

採点欄

第2回　2級 除算問題 （制限時間10分）

【禁無断転載】

（注意）無名数で小数第4位未満の端数が出たとき、名数で円位未満の端数が出たとき、パーセントの小数第2位未満の端数が出たときは四捨五入すること。

採点欄

No.			
1	39, 604, 345 ÷ 8, 315 =	%	%
2	8, 128, 120 ÷ 1, 274 =	%	%
3	41, 783, 460 ÷ 7, 460 =	%	%
4	51, 544, 152 ÷ 65, 081 =	%	%
5	28, 965, 924 ÷ 9, 126 =	%	%
No.1～No.5 小　計 ① =		1 0 0 %	
6	0. 01833742 ÷ 0. 0759 =	%	%
7	5. 0317526 ÷ 0. 538 =	%	%
8	22. 096065 ÷ 26. 93 =	%	%
9	0. 3386178 ÷ 3. 942 =	%	%
10	936. 40666 ÷ 4, 807 =	%	%
No.6～No.10 小　計 ② =		1 0 0 %	
（小計 ① + ②） 合　計 =			1 0 0 %
11	¥ 10, 146, 360 ÷ 5, 140 =	%	%
12	¥ 36, 056, 813 ÷ 6, 851 =	%	%
13	¥ 25, 796, 232 ÷ 3, 267 =	%	%
14	¥ 42, 750, 456 ÷ 708 =	%	%
15	¥ 46, 475, 244 ÷ 87, 524 =	%	%
No.11～No.15 小　計 ③ =		1 0 0 %	
16	¥ 1, 920 ÷ 0. 9375 =	%	%
17	¥ 33, 280 ÷ 4. 096 =	%	%
18	¥ 1, 233 ÷ 0. 2613 =	%	%
19	¥ 70, 518 ÷ 19. 32 =	%	%
20	¥ 460 ÷ 0. 0489 =	%	%
No.16～No.20 小　計 ④ =		1 0 0 %	
（小計 ③ + ④） 合　計 =			1 0 0 %

2級

採点欄

【禁無断転載】

No.	（1）	（2）	（3）	（4）	（5）
1	¥ 453,926	¥ 30,479,126	¥ 8,569	¥ 8,190,243	¥ 798,150
2	9,805,342	856,034	9,021,684	356,807	6,805,913
3	27,485	7,625,419	52,169	75,618,392	10,439,726
4	790,351	-284,301	61,487,302	6,241,750	81,407
5	6,290	-17,845	3,561,087	28,941	9,637,085
6	36,982,174	49,065,738	105,798	-573,614	25,673
7	60,837	5,931,082	38,270	-9,536	7,218,435
8	1,047,968	370,246	697,435	-12,047,389	82,061,394
9	219,570	93,510	57,213,806	4,952,703	396,802
10	4,561,083	748,623	8,346,927	896,420	52,941
11	20,638,459	-8,401,392	79,045	13,086	4,679
12	192,706	-62,184,570	384,651	-3,405,178	243,067
13	8,371,649	-9,751	2,750,914	-60,925	5,970,842
14	18,735	25,963	906,432	59,237,461	43,519,268
15	57,624,018	1,592,687	40,829,173	784,512	107,586
計					

No.	（6）	（7）	（8）	（9）	（10）
1	¥ 5,918	¥ 32,410,576	¥ 74,829	¥ 615,783	¥ 172,965
2	38,064,257	137,495	42,651,390	4,126,875	2,864,371
3	5,283,749	-40,283	486,503	-85,347,062	20,157
4	409,136	-28,569,104	95,418	-4,198	64,189,530
5	1,752,490	-1,678,320	6,327,145	3,479,206	351,642
6	70,653	823,651	19,063,287	90,325	5,283,914
7	641,972	98,142	724,098	582,910	935,026
8	94,356,081	7,052,819	3,541,620	18,023,457	47,805
9	918,325	90,175,234	57,134	46,530	18,036,749
10	6,237,109	6,914,783	27,830,941	30,951,742	407,293
11	892,367	-586,027	218,706	365,271	9,658
12	35,824	-7,968	4,509,862	7,809,164	7,598,063
13	73,528,410	349,602	135,089	-278,419	24,178
14	2,146,508	58,341	6,357	-94,683	91,703,482
15	10,746	4,036,597	5,912,673	-1,630,529	3,612,504
計					

第2回　2級　複 合 算 問 題 （制限時間10分）

【禁無断転載】

(注意) 整数未満の端数が出たときは切り捨てること。ただし、端数処理は1題の解答について行うのではなく、1計算ごとに行うこと。

採 点 欄

2級

No.	
1	$(37,846 - 5,140) \times (93,852 - 4,687) =$
2	$1,059 \times 27,468 + 50,041 \times 3,895 =$
3	$(192,719,458 + 27,108,346) \div (4,083 - 916) =$
4	$(83,273 + 27,043) \times (5,197 - 401) =$
5	$(519,432,876 \div 476) \div (295,403,718 \div 846,231) =$
6	$58,092 \times 473 - 46,427,952 \div 816 =$
7	$31,861 \times 7,954 + 42,781,384 \div 629,138 =$
8	$213,299,742 \div 597 - 29,625,750 \div 7,182 =$
9	$16,591,092 \div 4,506 + 97,086 \times 34,156 =$
10	$(26,918,743,902 \div 753) \div (2,013 \times 57) =$
11	$(7,209,469 + 3,061,795) \div (8,079 + 8,173) =$
12	$(609,728 \times 35,412) \div (536.7 \times 24.8) =$
13	$(4,602.7 + 3,918.3) \times (492.8 + 3,765.2) =$
14	$(386,658,711 \div 783) \times (5,073,174 \div 6,018) =$
15	$204,529,932 \div 582 - 287 \times 4,317 =$
16	$(6,708.4 \times 195) \times (1,612.7 - 189.7) =$
17	$(704.29 + 167.71) \times (6,735.4 - 189.7) =$
18	$(138.76 - 42.76) \times (4,875 + 3,591) =$
19	$207,214,080 \div 7,680 + (4,028 + 16,325) =$
20	$(3,618 \times 7,091) \div (3,765,892 \div 6,573) =$

19

採　点　欄

【禁無断転載】

（注意）無名数で小数第4位未満の端数が出たとき、名数
で円位未満の端数が出たとき、パーセントの小数
第2位未満の端数が出たときは四捨五入すること。

No.						%	%
1	26,387	×	1,470	=		%	%
2	74,681	×	2,059	=		%	%
3	592,748	×	931	=		%	%
4	61,309	×	5,268	=		%	%
5	13,560	×	8,943	=		%	%
No.1〜No.5 小 計 ① =						100 %	
6	406.92	×	75.24	=		%	%
7	90.23	×	697.82	=		%	%
8	0.38154	×	0.0916	=		%	%
9	8.7056	×	0.3125	=		%	%
10	0.07415	×	4.837	=		%	%
No.6〜No.10 小 計 ② =						100 %	
（小計 ① + ②）合 計 =							100 %
11	¥ 16,309	×	3,561	=		%	%
12	¥ 9,217	×	64,058	=		%	%
13	¥ 80,571	×	9,130	=		%	%
14	¥ 75,834	×	8,327	=		%	%
15	¥ 64,782	×	7,213	=		%	%
No.11〜No.15 小 計 ③ =						100 %	
16	¥ 40,925	×	59.04	=		%	%
17	¥ 938,650	×	4.96	=		%	%
18	¥ 32,048	×	0.1875	=		%	%
19	¥ 57,163	×	0.2649	=		%	%
20	¥ 21,496	×	0.0782	=		%	%
No.16〜No.20 小 計 ④ =						100 %	
（小計 ③ + ④）合 計 =							100 %

採 点 欄

（注意）無名数で小数第4位未満の端数が出たとき、名数で円位未満の端数が出たとき、パーセントの小数第2位未満の端数が出たときは四捨五入すること。

【禁無断転載】

2級

No.								%		%
1	13,978,770	÷	2,847	=				%		%
2	10,192,986	÷	6,089	=				%		%
3	18,912,820	÷	49,510	=				%		%
4	37,746,068	÷	5,476	=				%		%
5	9,260,838	÷	1,623	=				%		%
No.1〜No.5　小　計① =							100	%		
6	6,991.8498	÷	7,398	=				%		%
7	6.654283	÷	0.934	=				%		%
8	0.3027645	÷	8.205	=				%		%
9	0.00411156	÷	0.0162	=				%		%
10	30.109277	÷	37.51	=				%		%
No.6〜No.10　小　計② =							100	%		
（小計①+②）合　計 =									100	%
11	¥ 3,472,248	÷	1,436	=				%		%
12	¥ 52,559,046	÷	618	=				%		%
13	¥ 34,651,111	÷	5,027	=				%		%
14	¥ 68,561,176	÷	7,369	=				%		%
15	¥ 32,289,740	÷	8,540	=				%		%
No.11〜No.15　小　計③ =							100	%		
16	¥ 7,830	÷	1.875	=				%		%
17	¥ 338	÷	0.2704	=				%		%
18	¥ 514	÷	0.90283	=				%		%
19	¥ 30,134	÷	3.952	=				%		%
20	¥ 4,237	÷	0.4691	=				%		%
No.16〜No.20　小　計④ =							100	%		
（小計③+④）合　計 =									100	%

第3回　2級　見取算問題　（制限時間10分）

【禁無断転載】

No.	（1）	（2）	（3）	（4）	（5）
1	¥ 39,162,485	¥ 2,697,801	¥ 6,945,872	¥ 496,870	¥ 352,694
2	980,146	54,673	12,043	23,105,784	68,175
3	4,072	73,182,406	573,608	8,032,917	4,217,039
4	1,486,795	519,724	48,127	79,426	18,793,256
5	91,306	71,389	79,634,251	6,541,309	845,710
6	2,843,957	4,963,870	- 9,315	920,165	- 20,948
7	508,732	826,015	- 3,256,490	8,921	- 7,486,021
8	67,510	15,032,964	- 87,036	57,864,039	50,372,164
9	7,625,931	746,198	24,091,587	9,506,748	81,479
10	54,379,208	8,917,342	462,709	12,870	- 639,805
11	42,679	384,095	8,105,463	281,534	9,058,312
12	6,053,824	8,650	- 690,814	4,763,052	- 104,283
13	730,418	90,463,512	- 10,826,539	398,467	- 36,527,940
14	80,297,163	6,205,738	5,387,921	57,613	- 4,536
15	516,890	90,257	731,245	10,683,295	2,913,657
計					

No.	（6）	（7）	（8）	（9）	（10）
1	¥ 7,062	¥ 57,321	¥ 926,804	¥ 6,154,092	¥ 50,314,976
2	403,159	47,539,218	21,038,975	54,839,126	8,039,264
3	54,681	820,491	6,409,123	3,917,840	502,741
4	1,985,430	5,281,746	526,347	40,689	68,439
5	602,315	710,654	7,354,910	218,453	483,152
6	2,379,104	- 6,035	60,398	8,041,927	29,607,581
7	814,953	- 905,683	9,102,756	20,865,731	6,398,215
8	76,051,329	- 49,107	843,672	- 759,140	851,437
9	96,478	6,173,928	1,859	- 1,530,274	37,149,860
10	8,720,591	92,364,850	293,481	23,685	7,652
11	135,726	128,493	15,247	306,912	973,024
12	40,312,678	- 8,405,362	35,781,460	- 97,682,453	5,726,103
13	67,284	- 10,693,275	42,095	- 74,508	15,940
14	9,523,846	3,074,189	8,637,512	- 6,317	4,251,387
15	35,248,907	62,547	40,578,136	392,765	20,698
計					

22

第3回　2級 複 合 算 問 題 （制限時間10分）

（注意）整数未満の端数が出たときは切り捨てること。ただし、端数処理は1題の解答について行うのではなく、1計算ごとに行うこと。

【禁無断転載】

採 点 欄

2級

No.	
1	（ 38,064 − 5,924 ）×（ 70,653 − 5,469 ）=
2	（ 111,153,851 + 70,125,893 ）÷（ 3,678 − 926 ）=
3	（ 92,136+24,087 ）×（ 6,905 − 271 ）=
4	47,531 × 20,148 + 30,691 × 4,385 =
5	（ 391,859,764 ÷ 102 ）÷（ 257,086,590 ÷ 683,125 ）=
6	47,981 × 362 − 41,618,970 ÷ 705 =
7	212,236,686 ÷ 486 − 30,482,491 ÷ 6,071 =
8	31,496,940 ÷ 3,495 + 86,975 × 23,045 =
9	20,750 × 6,843 + 20,203,053 ÷ 518,027 =
10	（ 15,807,632,891 ÷ 642 ）÷（ 1,902 × 46 ）=
11	（ 35,176,038 + 3,172,546 ）÷（ 8,241 + 5,093 ）=
12	（ 5,091.2 + 4,687.8 ）×（ 231.4 + 9,578.6 ）=
13	（ 291,479,523 ÷ 753 ）×（ 5,186,271 ÷ 6,241 ）=
14	352,397,815 ÷ 709 − 156 × 8,234 =
15	（ 142.37 − 56.37 ）×（ 7,034 + 5,216 ）=
16	（ 6,410.5 × 276 ）×（ 2,915.3 − 359.3 ）=
17	（ 271.03 − 59.03 ）×（ 3,706 + 6,021 ）=
18	209,461,335 ÷ 7,295 +（ 5,206 + 21,437 ）=
19	（ 510.39 + 795.61 ）×（ 2,015.7 − 259.7 ）=
20	（ 2,746 × 9,108 ）÷（ 2,746,031 ÷ 9,841 ）=

第4回　2級乗算問題 （制限時間10分）

（注意）無名数で小数第4位未満の端数が出たとき、名数で円位未満の端数が出たとき、パーセントの小数第2位未満の端数が出たときは四捨五入すること。

【禁無断転載】

採　点　欄

No.						%		%
1	513,970	×	876	=		%		%
2	72,106	×	4,087	=		%		%
3	80,417	×	3,469	=		%		%
4	27,389	×	9,150	=		%		%
5	93,865	×	6,741	=		%		%
	No.1〜No.5　小　　計 ① =					100 %		
6	3.4528	×	0.0625	=		%		%
7	17.23	×	538.94	=		%		%
8	0.06254	×	0.1532	=		%		%
9	486.92	×	29.03	=		%		%
10	0.65041	×	7.198	=		%		%
	No.6〜No.10　小　　計 ② =					100 %		
	（小計 ① + ②）合　　計 =						100 %	
11	¥ 34,729	×	1,687	=		%		%
12	¥ 2,816	×	93,102	=		%		%
13	¥ 80,631	×	7,539	=		%		%
14	¥ 45,097	×	2,961	=		%		%
15	¥ 67,548	×	4,210	=		%		%
	No.11〜No.15　小　　計 ③ =					100 %		
16	¥ 19,375	×	5.024	=		%		%
17	¥ 53,184	×	0.9375	=		%		%
18	¥ 71,902	×	0.0843	=		%		%
19	¥ 42,063	×	0.6758	=		%		%
20	¥ 986,250	×	8.46	=		%		%
	No.16〜No.20　小　　計 ④ =					100 %		
	（小計 ③ + ④）合　　計 =						100 %	

（注意）無名数で小数第4位未満の端数が出たとき、名数
で円位未満の端数が出たとき、パーセントの小数
第2位未満の端数が出たときは四捨五入すること。

【禁無断転載】

No.					%		%
1	11,124,806	÷	1,537	=		%		%
2	81,046,540	÷	83,210	=		%		%
3	34,946,910	÷	5,469	=		%		%
4	7,327,936	÷	4,928	=		%		%
5	49,291,446	÷	6,051	=		%		%
No.1〜No.5 小　計① =					100 %		
6	3,523.9111	÷	9,782	=		%		%
7	2.2370062	÷	0.374	=		%		%
8	18.358074	÷	71.46	=		%		%
9	0.2106555	÷	2.805	=		%		%
10	0.02789017	÷	0.0693	=		%		%
No.6〜No.10 小　計② =					100 %		
（小計①＋②）合　計 =							100 %
11	¥ 15,169,680	÷	1,620	=		%		%
12	¥ 20,980,134	÷	7,938	=		%		%
13	¥ 3,855,702	÷	309	=		%		%
14	¥ 34,917,792	÷	6,852	=		%		%
15	¥ 12,361,833	÷	2,047	=		%		%
No.11〜No.15 小　計③ =					100 %		
16	¥ 1,645	÷	0.5264	=		%		%
17	¥ 382	÷	0.0793	=		%		%
18	¥ 4,160	÷	0.4581	=		%		%
19	¥ 82,390	÷	9.416	=		%		%
20	¥ 61,194	÷	81.375	=		%		%
No.16〜No.20 小　計④ =					100 %		
（小計③＋④）合　計 =							100 %

採 点 欄

2級

第4回　2級　見取算問題　（制限時間10分）

【禁無断転載】

No.	（1）	（2）	（3）	（4）	（5）
1	¥ 45,912,076	¥ 703,154	¥ 849,635	¥ 18,532	¥ 95,632
2	748,950	3,276,541	2,781,906	9,504,261	508,197
3	9,207,865	46,085,913	37,549	43,907	46,078
4	80,123	-956,872	7,362,894	2,167,483	2,173,869
5	593,718	69,538	89,156,072	-370,526	79,425,386
6	1,089,247	-813,794	9,280	-1,982,350	617,948
7	34,726,508	-2,405	6,970,153	-9,174	5,834,291
8	651,392	70,398,526	413,967	64,021,789	963,705
9	17,436	9,124,730	13,078,425	593,608	82,064
10	2,804,659	47,162	534,701	8,716,324	6,259,410
11	365,704	-12,590,483	95,046	468,095	84,390,721
12	8,430,691	-5,628,091	4,218,690	-35,692,471	1,530
13	67,129,835	-31,276	642,518	-59,710	712,803
14	4,021	284,307	58,106,327	243,158	1,048,657
15	76,389	8,410,659	20,783	70,835,246	37,560,924
計					

No.	（6）	（7）	（8）	（9）	（10）
1	¥ 3,749	¥ 94,506	¥ 13,657	¥ 519,047	¥ 5,614,893
2	6,598,217	1,084,297	75,264,390	40,756,128	36,502
3	310,942	57,314	9,387,256	21,350	2,091,748
4	54,183,620	65,412,873	634,907	35,607,982	423,061
5	76,381	-246,985	21,485	-8,192,473	98,275,430
6	607,498	-37,068	8,906,123	-15,264	1,406,327
7	8,439,506	-9,361,452	41,709	6,291,038	760,984
8	70,954,812	810,723	152,043	385,947	59,316
9	41,537	40,958,376	3,075,694	54,793	3,875,091
10	265,104	693,021	61,493,278	-720,681	948,215
11	1,820,365	7,241,560	5,832	-6,834	60,513,472
12	95,271	-32,709,148	729,168	-97,048,325	182,506
13	452,036	-4,890	2,850,341	1,830,456	74,238,159
14	32,761,958	172,635	40,789,516	462,109	27,684
15	9,087,423	8,523,149	518,420	2,973,516	3,759
計					

採 点 欄

（注意）整数未満の端数が出たときは切り捨てること。ただし、端数処理は1題の解答について行うのではなく、1計算ごとに行うこと。

【禁無断転載】

2級

No.	
1	$(83,247 + 35,198) \times (7,016 - 382) =$
2	$(49,175 - 6,035) \times (81,764 - 6,571) =$
3	$(240,638,088 + 81,236,904) \div (4,789 - 817) =$
4	$58,642 \times 31,259 + 41,702 \times 5,496 =$
5	$(402,960,875 \div 213) \div (368,197,601 \div 794,236) =$
6	$21,460,768 \div 2,384 + 75,864 \times 34,150 =$
7	$58,092 \times 473 - 28,198,912 \div 896 =$
8	$373,644,987 \div 597 - 52,126,956 \div 7,182 =$
9	$31,869 \times 7,954 + 49,701,902 \div 629,138 =$
10	$(26,918,743,902 \div 753) \div (2,013 \times 57) =$
11	$(289,042,101 \div 783) \times (25,654,734 \div 6,018) =$
12	$(16,660,222 + 2,697,678) \div (1,857 + 8,173) =$
13	$(4,609.7 + 3,918.3) \times (490.6 + 3,765.4) =$
14	$279,479,808 \div 586 - 287 \times 6,532 =$
15	$(609,728 \times 35,412) \div (536.7 \times 24.8) =$
16	$180,823,815 \div 6,579 + (3,917 + 27,436) =$
17	$(5,697.8 \times 205) \times (2,723.6 - 290.6) =$
18	$(249.87 - 53.87) \times (3,764 + 2,489) =$
19	$(693.19 + 278.81) \times (5,624.3 - 278.3) =$
20	$(2,507 \times 6,980) \div (2,654,781 \div 5,469) =$

採　点　欄

【禁無断転載】

(注意) 無名数で小数第 4 位未満の端数が出たとき、名数
で円位未満の端数が出たとき、パーセントの小数
第 2 位未満の端数が出たときは四捨五入すること。

No.				
1	643,759 × 536 =		%	%
2	84,693 × 1,790 =		%	%
3	25,137 × 7,948 =		%	%
4	10,394 × 6,827 =		%	%
5	76,540 × 8,615 =		%	%
No.1〜No.5　小　計 ① =		100 %		
6	3.1875 × 0.0624 =		%	%
7	491.6 × 35.209 =		%	%
8	0.50281 × 2.483 =		%	%
9	920.78 × 40.62 =		%	%
10	0.08172 × 0.9351 =		%	%
No.6〜No.10　小　計 ② =		100 %		
(小計 ① + ②) 合　計 =			100 %	
11	¥ 34,951 × 6,781 =		%	%
12	¥ 7,098 × 49,120 =		%	%
13	¥ 40,537 × 7,346 =		%	%
14	¥ 82,319 × 5,463 =		%	%
15	¥ 16,742 × 9,862 =		%	%
No.11〜No.15　小　計 ③ =		100 %		
16	¥ 579,680 × 13.4 =		%	%
17	¥ 35,406 × 0.8079 =		%	%
18	¥ 60,123 × 0.0957 =		%	%
19	¥ 98,264 × 3.125 =		%	%
20	¥ 21,875 × 0.2608 =		%	%
No.16〜No.20　小　計 ④ =		100 %		
(小計 ③ + ④) 合　計 =			100 %	

第5回　2級　除　算　問　題　(制限時間10分)

【禁無断転載】

(注意) 無名数で小数第4位未満の端数が出たとき、名数で円位未満の端数が出たとき、パーセントの小数第2位未満の端数が出たときは四捨五入すること。

No.						%		%
1	13,532,898	÷	5,217	=		%		%
2	33,560,197	÷	47,069	=		%		%
3	13,252,512	÷	1,456	=		%		%
4	34,959,700	÷	9,578	=		%		%
5	11,133,100	÷	6,380	=		%		%
No.1〜No.5 小　計 ① =						100 %		
6	0.1661457	÷	3.891	=		%		%
7	0.06431772	÷	0.0935	=		%		%
8	6.4462064	÷	0.724	=		%		%
9	35.564256	÷	81.42	=		%		%
10	1,374.7562	÷	2,603	=		%		%
No.6〜No.10 小　計 ② =						100 %		
(小計 ① + ②) 合　計 =							100 %	
11	¥ 73,311,742	÷	8,134	=		%		%
12	¥ 3,614,817	÷	1,457	=		%		%
13	¥ 12,859,668	÷	7,682	=		%		%
14	¥ 57,218,982	÷	9,761	=		%		%
15	¥ 17,622,520	÷	2,540	=		%		%
No.11〜No.15 小　計 ③ =						100 %		
16	¥ 151,110	÷	3.75	=		%		%
17	¥ 5,261	÷	0.6013	=		%		%
18	¥ 2,552	÷	0.4809	=		%		%
19	¥ 290	÷	0.0928	=		%		%
20	¥ 39,972	÷	53.296	=		%		%
No.16〜No.20 小　計 ④ =						100 %		
(小計 ③ + ④) 合　計 =							100 %	

採　点　欄

2級

29

第5回　2級　見取算問題 （制限時間10分）

採　点　欄

No.	（1）	（2）	（3）	（4）	（5）
1	¥ 6,917,852	¥ 760,428	¥ 54,169,372	¥ 12,673,495	¥ 136,075
2	429,531	81,743	70,216	5,934,068	37,429,168
3	21,738,960	6,329,851	2,615,780	82,134	8,357,604
4	8,650,124	81,574,036	−30,784,125	278,509	568,497
5	372,485	5,369	−891,604	98,416,372	40,386
6	95,746	293,180	−43,596	3,057,648	−671,549
7	514,302	9,156,274	8,526,487	810,456	−9,802,137
8	70,463,928	32,905	253,968	4,701	14,728
9	1,079	43,275,896	9,012,543	7,531,920	42,793,810
10	3,809,617	7,091,642	17,964,830	159,346	5,180,963
11	81,350	948,015	35,078	60,721,853	−7,290
12	245,983	5,427,130	407,159	95,782	−25,309
13	9,034,561	654,283	−9,361	4,203,917	−60,948,251
14	54,126,738	13,507	−6,280,497	68,025	1,036,572
15	47,206	20,867,491	378,209	346,219	259,486
計					

No.	（6）	（7）	（8）	（9）	（10）
1	¥ 201,794	¥ 5,018,649	¥ 54,672	¥ 3,758,261	¥ 1,278,039
2	43,975,268	39,701	1,487,530	17,042	24,983
3	5,046,127	246,193	619,048	829,136	837,156
4	19,086	60,752,318	92,578,413	12,034,568	3,150,294
5	824,539	−21,530	7,065,294	−5,480	90,735,612
6	7,102,856	−41,359,072	26,389	−84,709	619,840
7	68,531,740	840,956	381,965	−469,015	41,087
8	98,432	67,420	4,723,508	29,641,350	8,062,574
9	379,601	−7,194,258	80,295,346	4,572,893	720,398
10	1,480,329	−1,435	2,017	−95,163,428	56,498,721
11	20,753,864	−605,872	937,160	−7,940,653	3,605
12	7,693	96,573,284	49,825	231,975	916,752
13	418,570	3,482,791	5,103,679	12,807	27,309,468
14	67,915	928,365	876,102	306,714	4,586,170
15	9,623,058	4,863,017	36,940,781	6,798,532	65,943
計					

採　点　欄

2級

（注意）整数未満の端数が出たときは切り捨てること。ただし、端数処理は1題の解答について行うのではなく、1計算ごとに行うこと。

【禁無断転載】

No.	
1	$(38,064 - 5,924) \times (70,653 - 5,462) =$
2	$47,531 \times 20,148 + 30,691 \times 4,385 =$
3	$(190,349,103 + 70,125,893) \div (3,678 - 706) =$
4	$(72,136 + 24,087) \times (6,905 - 271) =$
5	$(391,859,764 \div 192) \div (257,086,592 \div 683,125) =$
6	$24,135 \times 867 - 22,302,249 \div 391 =$
7	$26,134 \times 5,978 + 26,890,584 \div 401,352 =$
8	$(831,625,479 \div 901) \div (124,635,780 \div 425,736) =$
9	$33,702,004 \div 5,243 + 13,546 \times 87,091 =$
10	$(16,273,849,501 \div 698) \div (2,134 \times 57) =$
11	$(320,901,871 + 387,041) \div (2,013 + 5,946) =$
12	$344,648,798 \div 482 - 154 \times 7,693 =$
13	$(3,971.4 + 4,027.6) \times (391.7 + 4,690.3) =$
14	$(260,049,951 \div 791) \times (41,707,092 \div 7,294) =$
15	$(51,487.9 \times 4,601.2) \div (497.3 \times 51.9) =$
16	$(6,708.6 \times 305) \times (3,834.7 - 301.7) =$
17	$(704.21 + 389.79) \times (6,735.4 - 389.4) =$
18	$(350.98 - 64.98) \times (4,875 + 3,578) =$
19	$374,494,836 \div 7,681 + (4,028 + 38,547) =$
20	$(3,618 \times 7,091) \div (3,765,892 \div 6,573) =$

第6回　2級乗算問題　（制限時間10分）

（注意）無名数で小数第4位未満の端数が出たとき、名数
で円位未満の端数が出たとき、パーセントの小数
第2位未満の端数が出たときは四捨五入すること。

採　点　欄

No.						
1	71,439	×	4,783	=	%	%
2	4,380	×	52,917	=	%	%
3	25,607	×	3,618	=	%	%
4	196,742	×	851	=	%	%
5	63,591	×	1,520	=	%	%
No.1～No.5　小　計 ① =					100 %	
6	0.04956	×	0.2469	=	%	%
7	52.873	×	6.142	=	%	%
8	87.264	×	0.0875	=	%	%
9	9.308	×	890.36	=	%	%
10	0.30125	×	79.04	=	%	%
No.6～No.10　小　計 ② =					100 %	
（小計 ① + ②）合　計 =						100 %
11	¥ 45,361	×	5,286	=	%	%
12	¥ 54,609	×	6,310	=	%	%
13	¥ 109,582	×	843	=	%	%
14	¥ 28,197	×	4,638	=	%	%
15	¥ 83,428	×	1,479	=	%	%
No.11～No.15　小　計 ③ =					100 %	
16	¥ 10,743	×	0.9751	=	%	%
17	¥ 76,250	×	0.0592	=	%	%
18	¥ 69,014	×	2.907	=	%	%
19	¥ 92,736	×	0.3125	=	%	%
20	¥ 3,875	×	78.064	=	%	%
No.16～No.20　小　計 ④ =					100 %	
（小計 ③ + ④）合　計 =						100 %

【禁無断転載】

（注意）無名数で小数第4位未満の端数が出たとき、名数で円位未満の端数が出たとき、パーセントの小数第2位未満の端数が出たときは四捨五入すること。

採　点　欄

No.						%	%
1	23,679,642	÷	4,718	=		%	%
2	40,425,972	÷	5,836	=		%	%
3	5,539,410	÷	3,027	=		%	%
4	24,340,800	÷	69,150	=		%	%
5	5,627,994	÷	1,249	=		%	%
No.1〜No.5　小　計① =						100 %	
6	7.0890742	÷	0.962	=		%	%
7	18.290118	÷	73.81	=		%	%
8	2,063.5993	÷	2,503	=		%	%
9	0.04362085	÷	0.0475	=		%	%
10	0.6642216	÷	8.694	=		%	%
No.6〜No.10　小　計② =						100 %	
（小計①+②）合　計 =							100 %
11	¥ 44,442,240	÷	5,860	=		%	%
12	¥ 40,226,967	÷	4,189	=		%	%
13	¥ 3,686,586	÷	1,538	=		%	%
14	¥ 40,200,468	÷	87,014	=		%	%
15	¥ 11,349,068	÷	6,452	=		%	%
No.11〜No.15　小　計③ =						100 %	
16	¥ 2,034	÷	0.3271	=		%	%
17	¥ 2,631,042	÷	294.3	=		%	%
18	¥ 321	÷	0.0625	=		%	%
19	¥ 245,765	÷	7.96	=		%	%
20	¥ 3,742	÷	0.9307	=		%	%
No.16〜No.20　小　計④ =						100 %	
（小計③+④）合　計 =							100 %

2級

第6回　2級　見取算問題　（制限時間10分）

採　点　欄

No.	（1）	（2）	（3）	（4）	（5）
1	¥ 758,941	¥ 4,018,273	¥ 4,978	¥ 61,378,490	¥ 94,876
2	6,241,359	64,908	82,016,354	895,762	107,258
3	12,786	9,157,286	950,216	62,041	5,831,064
4	89,076,543	723,105	3,748,652	2,501,794	40,395
5	5,183,672	21,504,637	563,147	753,489	782,156
6	6,234	649,015	64,102,839	-4,367,512	2,963,508
7	320,198	87,295,430	85,420	-58,240,973	30,125,947
8	43,892,067	-1,768	1,839,705	-82,609	659,421
9	1,645,392	-873,596	21,546	7,935,128	8,475,013
10	901,825	39,854	650,297	96,837	36,284
11	2,504,631	6,480,312	7,498,361	5,614,380	523,760
12	89,710	-53,712,069	17,832	-178,046	47,091,632
13	463,057	-8,396,742	345,089	-9,105	6,312,479
14	70,295,814	-70,951	5,273,910	410,263	9,841
15	37,405	948,620	90,162,473	83,029,657	19,208,537
計					

No.	（6）	（7）	（8）	（9）	（10）
1	¥ 1,349	¥ 48,671	¥ 97,206,348	¥ 14,053,769	¥ 91,437
2	765,098	72,836,409	2,485,906	2,680,175	358,710
3	89,531	980,536	17,253	719,402	64,917,085
4	56,034,912	6,309,718	860,571	-36,021	5,162,973
5	9,806,724	217,840	4,869	-6,895,703	40,369
6	257,409	-54,391	5,748,013	47,632,958	1,235,804
7	48,176	-31,028,567	80,329,657	78,690	27,096,158
8	7,590,283	-8,645,203	932,180	261,489	84,632
9	916,352	21,945	1,694,735	5,308,247	748,591
10	1,483,760	50,492,783	31,572	-945,061	90,817,246
11	52,097	4,586,192	102,894	-7,936	463,017
12	30,168,945	-179,064	4,076,921	-90,126,548	8,925,760
13	8,374,621	-2,670	918,467	83,125	509,823
14	627,830	753,189	63,520,749	3,497,810	3,672,408
15	42,705,168	9,560,327	53,086	574,382	6,592
計					

採点欄

2級

【禁無断転載】

(注意) 整数未満の端数が出たときは切り捨てること。ただし、端数処理は1題の解答について行うのではなく、1計算ごとに行うこと。

No.	
1	$(27,153 - 4,013) \times (69,542 - 4,351) =$
2	$(95,655,698 + 69,014,782) \div (2,567 - 695) =$
3	$(61,025 + 13,976) \times (7,016 - 362) =$
4	$(480,748,653 \div 276) \div (146,975,482 \div 572,014) =$
5	$36,429 \times 19,837 + 41,702 \times 5,498 =$
6	$36,870 \times 251 - 19,326,144 \div 816 =$
7	$229,664,109 \div 597 - 26,264,440 \div 7,180 =$
8	$18,187,536 \div 2,384 + 75,864 \times 12,934 =$
9	$19,648 \times 5,732 + 27,330,506 \div 407,918 =$
10	$(26,918,743,902 \div 753) \div (2,013 \times 57) =$
11	$(6,742,244 + 1,295,068) \div (2,968 + 9,284) =$
12	$(3,591.6 + 2,807.4) \times (381.5 + 2,654.5) =$
13	$(442,384,320 \div 672) \times (9,386,223 \div 5,907) =$
14	$360,768,675 \div 475 - 176 \times 5,421 =$
15	$(598,617 \times 24,301) \div (425.6 \times 13.7) =$
16	$(5,697.4 \times 295) \times (2,723.6 - 290.6) =$
17	$(249.78 - 53.78) \times (3,764 + 2,467) =$
18	$447,060,300 \div 6,572 + (3,917 + 27,436) =$
19	$(4,693.19 + 6,278.81) \times (5,624.3 - 278.3) =$
20	$(2,507 \times 6,982) \div (2,654,781 \div 5,462) =$

第7回　2級 乗 算 問 題 （制限時間10分）

（注意）無名数で小数第4位未満の端数が出たとき、名数で円位未満の端数が出たとき、パーセントの小数第2位未満の端数が出たときは四捨五入すること。

採 点 欄

No.						%		%
1	260,451	×	519	=		%		%
2	59,243	×	1,437	=		%		%
3	47,109	×	2,680	=		%		%
4	18,397	×	3,062	=		%		%
5	36,580	×	4,356	=		%		%
No.1〜No.5 小　計 ① =					100	%		
6	0.81936	×	0.0894	=		%		%
7	60.75	×	7.9248	=		%		%
8	9.4812	×	6.701	=		%		%
9	0.03728	×	9.375	=		%		%
10	725.64	×	0.8125	=		%		%
No.6〜No.10 小　計 ② =					100	%		
（小計 ① + ②） 合　計 =							100	%
11	¥ 3,187	×	47,830	=		%		%
12	¥ 72,901	×	8,461	=		%		%
13	¥ 25,496	×	9,248	=		%		%
14	¥ 60,218	×	2,619	=		%		%
15	¥ 50,374	×	1,357	=		%		%
No.11〜No.15 小　計 ③ =					100	%		
16	¥ 376,049	×	0.783	=		%		%
17	¥ 48,625	×	5.096	=		%		%
18	¥ 14,832	×	0.3125	=		%		%
19	¥ 91,750	×	65.04	=		%		%
20	¥ 89,563	×	0.0972	=		%		%
No.16〜No.20 小　計 ④ =					100	%		
（小計 ③ + ④） 合　計 =							100	%

第7回　2級 除 算 問 題 （制限時間10分）

（注意）無名数で小数第4位未満の端数が出たとき、名数
で円位未満の端数が出たとき、パーセントの小数
第2位未満の端数が出たときは四捨五入すること。

【禁無断転載】

No.							%		%
1	40, 378, 294	÷	50, 347	=			%		%
2	8, 247, 240	÷	2, 956	=			%		%
3	5, 501, 952	÷	1, 728	=			%		%
4	63, 149, 130	÷	6, 810	=			%		%
5	24, 897, 513	÷	4, 639	=			%		%
No.1～No.5　小　計 ① =							1 0 0 ％		
6	59. 426394	÷	85. 74	=			%		%
7	0. 03885455	÷	0. 0495	=			%		%
8	1, 044. 0555	÷	7, 162	=			%		%
9	3. 6594978	÷	0. 903	=			%		%
10	0. 2017815	÷	3. 281	=			%		%
No.6～No.10　小　計 ② =							1 0 0 ％		
（小計 ① + ②） 合　計 =								1 0 0 ％	
11	¥ 17, 529, 274	÷	7, 094	=			%		%
12	¥ 81, 104, 868	÷	8, 523	=			%		%
13	¥ 9, 785, 910	÷	1, 370	=			%		%
14	¥ 40, 757, 514	÷	942	=			%		%
15	¥ 6, 880, 166	÷	6, 289	=			%		%
No.11～No.15　小　計 ③ =							1 0 0 ％		
16	¥ 1, 814, 036	÷	360. 5	=			%		%
17	¥ 3, 282	÷	0. 4751	=			%		%
18	¥ 222, 462	÷	58. 16	=			%		%
19	¥ 65	÷	0. 09437	=			%		%
20	¥ 1, 897	÷	0. 2168	=			%		%
No.16～No.20　小　計 ④ =							1 0 0 ％		
（小計 ③ + ④） 合　計 =								1 0 0 ％	

第7回　2級　見取算問題 （制限時間10分）

【禁無断転載】

採　点　欄

No.	（1）	（2）	（3）	（4）	（5）
1	¥ 2,378,061	¥ 58,740,263	¥ 89,163	¥ 642,015	¥ 2,865,347
2	960,325	3,198	7,963,518	73,862	108,956
3	80,495,172	62,014	329,456	89,506,437	95,013,682
4	36,745	2,394,106	-4,761	439,276	4,680,135
5	5,187,930	60,932,854	-80,945	91,563	87,492,063
6	14,689	95,687	-945,607	63,715,984	-7,514
7	209,354	851,736	60,517,842	264,095	-50,379
8	37,025,498	73,204,951	3,851,720	4,987,351	3,529,601
9	413,056	823,075	236,074	302,549	-234,796
10	9,647,521	6,495,712	72,385	5,198,326	-10,698,274
11	8,613	586,421	94,703,518	10,782	-6,971,058
12	721,834	1,047,539	130,297	2,437,108	86,402
13	6,582,907	80,327	-2,461,089	10,854,237	745,826
14	41,893,276	4,618,293	-18,674,920	7,021,854	13,790
15	50,412	179,540	5,098,632	9,610	321,947
計					

No.	（6）	（7）	（8）	（9）	（10）
1	¥ 28,650,173	¥ 5,713,420	¥ 97,381,460	¥ 21,605,349	¥ 4,278,609
2	64,590	65,309	439,728	547,186	65,173
3	3,590,846	14,907,238	6,097,241	6,123,790	947,532
4	76,309	-278,546	4,956	18,923	35,086
5	4,308,951	-8,146,057	83,210,495	37,905,618	580,947
6	17,053,682	-39,764	29,813	482,097	9,402,761
7	86,127	480,291	4,706,582	-9,614,872	29,418
8	732,419	9,063,182	583,627	-5,103	4,620
9	9,810,364	63,841,075	75,104	876,230	790,283
10	269,507	-52,987	50,162,983	4,250,769	23,619,405
11	60,487,295	-4,613	1,928,076	38,475	7,064,851
12	4,032	396,824	876,340	-789,516	60,391,758
13	847,915	-70,625,198	2,653,719	-90,347,821	857,312
14	5,921,748	150,879	15,037	-26,405	1,906,834
15	178,263	-2,037,956	498,605	8,063,954	57,183,296
計					

38

採 点 欄

2級

【禁無断転載】

(注意) 整数未満の端数が出たときは切り捨てること。ただし、端数処理は1題の解答について行うのではなく、1計算ごとに行うこと。

No.	
1	$(61,352 - 3,748) \times (15,067 - 3,598) =$
2	$70,189 \times 64,253 + 49,253 \times 6,817 =$
3	$(223,455,182 + 62,378,154) \div (3,946 - 812) =$
4	$(53,476 + 28,901) \times (4,136 - 257) =$
5	$262,676,505 \div 637 - 25,843,692 \div 5,142 =$
6	$47,123 \times 385 - 66,781,664 \div 928 =$
7	$20,468 \times 4,783 + 32,186,101 \div 527,641 =$
8	$381,615,234 \div 638 - 29,593,384 \div 8,264 =$
9	$19,837,323 \div 3,981 + 62,943 \times 27,619 =$
10	$(27,640,958,013 \div 821) \div (6,103 \times 14) =$
11	$(127,351,495 + 30,617,945) \div (8,079 + 8,173) =$
12	$334,083,874 \div 586 - 287 \times 6,532 =$
13	$(4,602.7 + 3,918.3) \times (492.6 + 3,765.4) =$
14	$(277,860,861 \div 783) \times (2,503,488 \div 6,018) =$
15	$(609,728 \times 35,412) \div (536.7 \times 24.8) =$
16	$(158.64 \times 625) \times (1,834.7 - 309.7) =$
17	$(5,482.08 + 5,187.92) \times (4,713.4 - 289.4) =$
18	$(350.89 - 64.89) \times (4,875 + 5,784) =$
19	$692,415,009 \div 7,683 + (4,028 + 38,547) =$
20	$(4,608 \times 7,093) \div (3,765,892 \div 6,573) =$

第8回　2級　乗　算　問　題　（制限時間10分）

（注意）無名数で小数第4位未満の端数が出たとき、名数で円位未満の端数が出たとき、パーセントの小数第2位未満の端数が出たときは四捨五入すること。

【禁無断転載】

No.						%		%
1	31,786	×	8,124	=		%		%
2	46,582	×	5,891	=		%		%
3	195,820	×	947	=		%		%
4	64,759	×	2,570	=		%		%
5	57,198	×	6,352	=		%		%
No.1～No.5 小　計 ① =						100 %		
6	726.03	×	34.09	=		%		%
7	86.375	×	0.7136	=		%		%
8	0.9304	×	0.02635	=		%		%
9	0.06421	×	401.8	=		%		%
10	289.47	×	19.03	=		%		%
No.6～No.10 小　計 ② =						100 %		
（小計 ① + ②）合　計 =								100 %
11	¥ 50,287	×	4,351	=		%		%
12	¥ 240,196	×	208	=		%		%
13	¥ 95,618	×	1,480	=		%		%
14	¥ 89,031	×	9,637	=		%		%
15	¥ 67,923	×	5,069	=		%		%
No.11～No.15 小　計 ③ =						100 %		
16	¥ 14,675	×	74.12	=		%		%
17	¥ 51,024	×	0.3125	=		%		%
18	¥ 73,842	×	0.0596	=		%		%
19	¥ 3,650	×	689.74	=		%		%
20	¥ 48,379	×	0.8723	=		%		%
No.16～No.20 小　計 ④ =						100 %		
（小計 ③ + ④）合　計 =								100 %

第8回　2級 除 算 問 題 （制限時間10分）

（注意）無名数で小数第4位未満の端数が出たとき、名数で円位未満の端数が出たとき、パーセントの小数第2位未満の端数が出たときは四捨五入すること。

【禁無断転載】

2級

No.							
1	25, 510, 612	÷	7, 108	=		%	%
2	19, 204, 360	÷	89, 740	=		%	%
3	14, 660, 548	÷	3, 574	=		%	%
4	41, 238, 252	÷	4, 356	=		%	%
5	52, 698, 360	÷	9, 213	=		%	%
No.1～No.5　小　　計 ① =					1 0 0 %		
6	0. 023918	÷	0. 0289	=		%	%
7	694. 2871	÷	1, 092	=		%	%
8	0. 2301035	÷	2. 461	=		%	%
9	6. 215891	÷	56. 87	=		%	%
10	4. 9937035	÷	0. 635	=		%	%
No.6～No.10　小　　計 ② =					1 0 0 %		
（小計 ① + ②） 合　　計 =							1 0 0 %
11	¥ 19, 480, 516	÷	3, 659	=		%	%
12	¥ 6, 454, 107	÷	1, 023	=		%	%
13	¥ 51, 385, 662	÷	5, 417	=		%	%
14	¥ 45, 129, 120	÷	8, 940	=		%	%
15	¥ 56, 357, 613	÷	6, 981	=		%	%
No.11～No.15　小　　計 ③ =					1 0 0 %		
16	¥ 3, 480	÷	0. 9375	=		%	%
17	¥ 200, 486	÷	28. 04	=		%	%
18	¥ 72, 011	÷	4. 28	=		%	%
19	¥ 22	÷	0. 07562	=		%	%
20	¥ 3, 634	÷	0. 7316	=		%	%
No.16～No.20　小　　計 ④ =					1 0 0 %		
（小計 ③ + ④） 合　　計 =							1 0 0 %

41

採点欄

No.	（1）	（2）	（3）	（4）	（5）
1	¥　351,476	¥　9,812,465	¥　591,764	¥　52,098,763	¥　85,017
2	5,649,301	43,569,702	26,537	8,751,690	438,956
3	27,540	-190,243	62,053,149	980,472	6,319,405
4	71,085,329	-2,041,798	875,691	-64,231	1,247
5	9,214	54,671	1,602,483	-9,276,014	74,963,580
6	132,478	81,793,206	39,074	-21,349,806	590,362
7	8,260,195	318,064	4,185,320	496,758	2,379,014
8	518,627	6,289,540	30,298,576	57,380	152,973
9	41,962	702,385	5,924,603	4,803,126	20,861
10	30,972,854	-8,537	780,241	79,563	5,437,298
11	864,530	-75,914	8,367,452	3,125,047	91,246,780
12	4,305,986	-50,467,893	413,895	10,783,529	751,806
13	29,478,013	8,923,176	68,150	-348,295	64,132
14	16,735	671,059	97,241,308	-1,756	8,645,329
15	6,793,208	36,820	7,912	869,104	32,804,175
計					

No.	（6）	（7）	（8）	（9）	（10）
1	¥　23,819,047	¥　923,170	¥　8,306,954	¥　6,519,723	¥　360,278
2	647,315	10,358,469	21,367	32,480,159	2,613,094
3	1,430,786	34,982	759,180	942,580	87,419
4	82,951	476,095	51,240,798	-7,825,016	54,876,901
5	976,420	-7,581,263	3,846	-4,638	958,132
6	7,602,598	-89,123,640	192,605	-297,105	1,063,789
7	40,395,876	-5,724	9,016,473	50,348,972	70,853
8	31,054	2,730,851	64,598,027	73,861	4,675
9	5,129,460	641,587	45,269	9,061,724	298,361
10	286,739	19,638	3,467,810	615,347	79,435,028
11	96,750,182	4,807,159	820,391	-36,295	8,526,940
12	4,273	-258,346	70,934,685	-13,768,409	631,482
13	8,093,645	-93,204	581,732	203,184	5,709,316
14	19,708	35,062,417	2,679,504	8,574,310	42,507
15	568,321	6,179,052	13,278	59,462	60,194,725
計					

採 点 欄

2級

（注意）整数未満の端数が出たときは切り捨てること。ただし、端数処理は1題の解答について行うのではなく、1計算ごとに行うこと。

【禁無断転載】

No.	
1	$17,522,736 \div 924 - 3,384 \times 0.125 =$
2	$(7,969,514 - 7,726,154) \div (721 + 124) =$
3	$(32,999 - 23,684) \times (4,653 + 38,622) =$
4	$259,112 \div 56 - 56,468 \div 14.86 =$
5	$(94,122 \div 2.7) \div (836.25 \div 306) =$
6	$13,381,562 \div 2,741 + 12,758,340 \div 518 =$
7	$(29,872 - 23,096) \times (8,117 - 7,531) =$
8	$(6,283,597 - 6,140,146) \div (8,394 - 7,635) =$
9	$9,025 \times 512 - 29,056,608 \div 7,952 =$
10	$6,954 \div 0.8265 + 78,284 \times 0.4563 =$
11	$7,875 \times 0.52 + 29,054,952 \div 7,638 =$
12	$(47,825 + 42,391) \times (3,742 - 1,264) =$
13	$(9,117,050 + 283,655) \div (6,983 - 1,860) =$
14	$(904,056 \times 86,991) \div (21,611,166 \div 26,582) =$
15	$(415 \div 0.0438) \times (208,915 \div 635) =$
16	$3,012 \times 342.75 - 87,081 \times 12 =$
17	$6,791 \times 362 + 38,716 \times 4,652 =$
18	$(6,850,113 + 17,351,091) \div (3,682 + 2,549) =$
19	$(60,284 + 17,691) \times (6,231 + 1,987) =$
20	$(63,541 \times 4,625) \div (3,697 \times 831) =$

第9回　2級　乗　算　問　題　（制限時間10分）

（注意）無名数で小数第4位未満の端数が出たとき、名数
で円位未満の端数が出たとき、パーセントの小数
第2位未満の端数が出たときは四捨五入すること。

【禁無断転載】

No.				採点欄	
1	82,406 × 7,196 =		%		%
2	40,378 × 1,297 =		%		%
3	27,930 × 4,519 =		%		%
4	76,842 × 5,940 =		%		%
5	53,041 × 8,731 =		%		%
No.1～No.5 小　計 ① =			100 %		
6	157.83 × 28.05 =		%		%
7	9.0625 × 0.0784 =		%		%
8	3.817 × 9,265.3 =		%		%
9	0.04569 × 0.6318 =		%		%
10	0.691524 × 36.2 =		%		%
No.6～No.10 小　計 ② =			100 %		
（小計 ① + ②）合　計 =					100 %
11	¥ 82,691 × 4,198 =		%		%
12	¥ 76,139 × 9,730 =		%		%
13	¥ 3,146 × 19,643 =		%		%
14	¥ 23,684 × 3,276 =		%		%
15	¥ 48,973 × 6,017 =		%		%
No.11～No.15 小　計 ③ =			100 %		
16	¥ 90,875 × 2.504 =		%		%
17	¥ 40,528 × 0.0625 =		%		%
18	¥ 57,230 × 748.9 =		%		%
19	¥ 195,407 × 0.581 =		%		%
20	¥ 60,512 × 0.8352 =		%		%
No.16～No.20 小　計 ④ =			100 %		
（小計 ③ + ④）合　計 =					100 %

44

第9回　2級　除算問題 （制限時間10分）

（注意）無名数で小数第4位未満の端数が出たとき、名数で円位未満の端数が出たとき、パーセントの小数第2位未満の端数が出たときは四捨五入すること。

採　点　欄

2級

No.				%	%
1	47, 000, 730	÷	518 =		
2	48, 014, 800	÷	7, 820 =		
3	11, 529, 504	÷	2, 394 =		
4	78, 891, 093	÷	9, 573 =		
5	21, 405, 648	÷	6, 281 =		
No.1〜No.5 小　計 ① =				1 0 0 ％	
6	791. 0536	÷	1, 472 =		
7	0. 01574773	÷	0. 0936 =		
8	0. 2481729	÷	4. 157 =		
9	5. 8490495	÷	0. 805 =		
10	0. 9093447	÷	3. 069 =		
No.6〜No.10 小　計 ② =				1 0 0 ％	
（小計 ① ＋ ②）合　計 =					1 0 0 ％
11	¥　6, 334, 713	÷	1, 089 =		
12	¥　28, 953, 860	÷	3, 860 =		
13	¥　11, 170, 706	÷	274 =		
14	¥　41, 865, 696	÷	4, 527 =		
15	¥　62, 946, 819	÷	8, 193 =		
No.11〜No.15 小　計 ③ =				1 0 0 ％	
16	¥　1, 411	÷	0. 6731 =		
17	¥　79, 866	÷	59. 16 =		
18	¥　5, 854, 673	÷	9, 234. 5 =		
19	¥　583	÷	0. 0652 =		
20	¥　2, 315	÷	0. 7408 =		
No.16〜No.20 小　計 ④ =				1 0 0 ％	
（小計 ③ ＋ ④）合　計 =					1 0 0 ％

第9回　2級　見取算問題 （制限時間10分）

採 点 欄

No.	（1）	（2）	（3）	（4）	（5）
1	¥ 69,027	¥ 28,613,409	¥ 437,516	¥ 30,689	¥ 781,950
2	493,185	3,504,762	29,054	18,076,523	9,027,436
3	3,708,641	891,576	6,498	3,751,806	58,704
4	89,275,106	-5,213	7,504,821	-7,265	145,879
5	7,254	-378,920	18,653,209	-9,538,042	61,493,025
6	983,612	1,460,379	79,142	-416,978	28,376
7	24,563	70,549,861	892,630	84,190	32,609,581
8	1,850,439	27,648	34,210,785	5,068,327	830,164
9	56,032,978	973,825	6,085,312	902,634	5,214,073
10	7,541,280	-80,194	134,967	7,649,251	3,412
11	326,849	-4,239,658	57,241	895,147	1,372,598
12	14,573	-69,051,342	2,740,396	-24,389,760	96,241
13	2,056,718	748,530	90,678,153	-73,514	208,563
14	631,094	5,102,786	325,480	120,495	47,925,610
15	40,179,325	96,017	5,961,873	63,201,879	8,564,397
計					

No.	（6）	（7）	（8）	（9）	（10）
1	¥ 2,394,580	¥ 58,217,049	¥ 168,957	¥ 250,367	¥ 19,543
2	9,251	1,908,763	95,478	51,364,970	6,857,029
3	37,426,198	524,180	6,073,125	4,935,812	25,306,978
4	562,734	6,492,307	301,642	608,453	4,762,801
5	6,810,927	89,513	71,842,590	86,139	984,360
6	43,615	-95,768,024	89,631	-9,012,684	30,157
7	207,846	-31,462	416,209	-741,325	8,792
8	89,125,703	102,745	2,930,567	-37,506	7,129,634
9	78,059	2,375,608	85,694,730	17,493,258	574,201
10	5,981,302	836,591	5,819	2,879,410	90,213,486
11	13,870,564	41,273	287,304	61,742	497,015
12	657,910	24,016,359	3,520,476	582,091	1,038,569
13	9,046,871	-637,518	52,983	-80,956,137	65,843
14	32,486	-7,450,926	69,718,042	-4,289	32,601,758
15	709,643	-9,834	4,031,876	3,720,564	846,927
計					

2級 乗算

1	79,789,926	6.47%	6.47%
2	365,001,420	29.59%	29.59%
3	245,449,320	19.90%	19.90%
4	112,039,478	9.08%	9.08%
5	431,157,174	34.96%	34.96%
小計①=	1,233,437,318	100%	
6	0.0585	0.00%	0.00%
7	11,982.2548	94.89%	0.00%
8	13.5063	0.11%	0.00%
9	631.5420	5.00%	0.00%
10	0.3473	0.00%	0.00%
小計②=	12,627.7089	100%	
合計 =	1,233,449,945.70		100%
11 ¥	55,975,026	4.93%	4.92%
12 ¥	592,989,279	52.26%	52.13%
13 ¥	125,541,504	11.06%	11.04%
14 ¥	168,792,118	14.88%	14.84%
15 ¥	191,396,520	16.87%	16.82%
小計③= ¥	1,134,694,447	100%	
16 ¥	896	0.03%	0.00%
17 ¥	25,028	0.86%	0.00%
18 ¥	738,166	25.22%	0.06%
19 ¥	303,620	10.37%	0.03%
20 ¥	1,859,103	63.52%	0.16%
小計④= ¥	2,926,813	100%	
合計 = ¥	1,137,621,260		100%

2級 除算

1	458	1.86%	1.86%
2	9,813	39.88%	39.87%
3	7,140	29.02%	29.01%
4	1,926	7.83%	7.83%
5	5,267	21.41%	21.40%
小計①=	24,604	100%	
6	3.7582	68.22%	0.02%
7	0.0675	1.23%	0.00%
8	0.2094	3.80%	0.00%
9	0.8431	15.30%	0.00%
10	0.6309	11.45%	0.00%
小計②=	5.5091	100%	
合計 =	24,609.5091		100%
11 ¥	1,907	1.79%	1.46%
12 ¥	5,218	4.89%	3.98%
13 ¥	2,386	2.24%	1.82%
14 ¥	90,631	84.99%	69.19%
15 ¥	6,493	6.09%	4.96%
小計③= ¥	106,635	100%	
16 ¥	549	2.25%	0.42%
17 ¥	8,750	35.92%	6.68%
18 ¥	7,064	29.00%	5.39%
19 ¥	3,125	12.83%	2.39%
20 ¥	4,872	20.00%	3.72%
小計④= ¥	24,360	100%	
合計 = ¥	130,995		100%

2級 複合算

1	737,966,160
2	3,243,869,160
3	95,843
4	1,345,561,946
5	4,086
6	2,004,343,737
7	17,299,251
8	579,717
9	142,053,901
10	281
11	459,511,104
12	860
13	19,427,364
14	-184,251
15	2,495,195
16	133,734
17	31,030,890,534
18	1,215,611
19	126,223,216
20	64,531

2級 見取算

1	¥	221,691,819
2	¥	230,520,963
3	¥	44,435,256
4	¥	213,621,825
5	¥	121,971,988
6	¥	212,569,350
7	¥	85,798,331
8	¥	207,412,431
9	¥	-30,777,003
10	¥	167,722,179

2級 乗算

1	335,296,253	21.16%	21.16%
2	200,071,520	12.63%	12.63%
3	311,525,604	19.66%	19.66%
4	508,507,260	32.10%	32.10%
5	228,900,209	14.45%	14.45%
小計①=	1,584,300,846	100%	
6	9,559.8514	77.53%	0.00%
7	0.0675	0.00%	0.00%
8	0.5082	0.00%	0.00%
9	2,767.0207	22.44%	0.00%
10	2.4732	0.02%	0.00%
小計②=	12,329.9210	100%	
合計 =	1,584,313,175.92		100%
11 ¥	65,483,112	5.34%	5.34%
12 ¥	240,158,603	19.60%	19.58%
13 ¥	251,840,680	20.55%	20.53%
14 ¥	443,786,038	36.21%	36.18%
15 ¥	224,191,988	18.29%	18.28%
小計③= ¥	1,225,460,421	100%	
16 ¥	289,800	25.25%	0.02%
17 ¥	252	0.02%	0.00%
18 ¥	59,783	5.21%	0.00%
19 ¥	29,630	2.58%	0.00%
20 ¥	768,460	66.94%	0.06%
小計④= ¥	1,147,925	100%	
合計 = ¥	1,226,608,346		100%

2級 除算

1	4,763	23.00%	22.99%
2	6,380	30.81%	30.79%
3	5,601	27.04%	27.03%
4	792	3.82%	3.82%
5	3,174	15.33%	15.32%
小計①=	20,710	100%	
6	0.2416	2.26%	0.00%
7	9.3527	87.45%	0.05%
8	0.8205	7.67%	0.00%
9	0.0859	0.80%	0.00%
10	0.1948	1.82%	0.00%
小計②=	10.6955	100%	
合計 =	20,720.6955		100%
11 ¥	1,974	2.60%	1.90%
12 ¥	5,263	6.92%	5.06%
13 ¥	7,896	10.38%	7.59%
14 ¥	60,382	79.40%	58.06%
15 ¥	531	0.70%	0.51%
小計③= ¥	76,046	100%	
16 ¥	2,048	7.33%	1.97%
17 ¥	8,125	29.07%	7.81%
18 ¥	4,719	16.88%	4.54%
19 ¥	3,650	13.06%	3.51%
20 ¥	9,407	33.66%	9.05%
小計④= ¥	27,949	100%	
合計 = ¥	103,995		100%

2級 複合算

1	2,916,230,490
2	223,998,307
3	69,412
4	529,075,536
5	3,126
6	27,420,619
7	253,422,462
8	353,161
9	3,316,073,098
10	311
11	632
12	1,622,215
13	36,282,418
14	416,287,731
15	-887,553
16	1,861,480,374
17	5,707,240
18	812,736
19	47,334
20	44,851

2級 見取算

1	¥	140,800,593
2	¥	25,890,569
3	¥	185,483,262
4	¥	140,223,673
5	¥	167,362,968
6	¥	224,353,545
7	¥	111,175,538
8	¥	111,635,052
9	¥	-21,263,628
10	¥	195,257,337

第3回　2級

	2級　乗　算		
1	38,788,890	3.26%	3.26%
2	153,768,179	12.94%	12.94%
3	551,848,388	46.43%	46.42%
4	322,975,812	27.17%	27.17%
5	121,267,080	10.20%	10.20%
小計①=	1,188,648,349	100%	
6	30,616.6608	32.72%	0.00%
7	62,964.2986	67.28%	0.01%
8	0.0349	0.00%	0.00%
9	2.7205	0.00%	0.00%
10	0.3587	0.00%	0.00%
小計②=	93,584.0735	100%	
合計 =	1,188,741,933.07		100%
11 ¥	58,076,349	2.34%	2.33%
12 ¥	590,422,586	23.78%	23.71%
13 ¥	735,613,230	29.63%	29.54%
14 ¥	631,469,718	25.43%	25.36%
15 ¥	467,272,566	18.82%	18.77%
小計③=¥	2,482,854,449	100%	
16 ¥	2,416,212	34.06%	0.10%
17 ¥	4,655,704	65.62%	0.19%
18 ¥	6,009	0.08%	0.00%
19 ¥	15,142	0.21%	0.00%
20 ¥	1,681	0.02%	0.00%
小計④=¥	7,094,748	100%	
合計 =¥	2,489,949,197		100%

	2級　除　算		
1	4,910	25.10%	25.08%
2	1,674	8.56%	8.55%
3	382	1.95%	1.95%
4	6,893	35.23%	35.21%
5	5,706	29.16%	29.15%
小計①=	19,565	100%	
6	0.9451	10.31%	0.00%
7	7.1245	77.75%	0.04%
8	0.0369	0.40%	0.00%
9	0.2538	2.77%	0.00%
10	0.8027	8.76%	0.00%
小計②=	9.1630	100%	
合計 =	19,574.1630		100%
11 ¥	2,418	2.25%	1.86%
12 ¥	85,047	79.16%	65.37%
13 ¥	6,893	6.42%	5.30%
14 ¥	9,304	8.66%	7.15%
15 ¥	3,781	3.52%	2.91%
小計③=¥	107,443	100%	
16 ¥	4,176	18.44%	3.21%
17 ¥	1,250	5.52%	0.96%
18 ¥	569	2.51%	0.44%
19 ¥	7,625	33.66%	5.86%
20 ¥	9,032	39.87%	6.94%
小計④=¥	22,652	100%	
合計 =¥	130,095		100%

	2級　複　合　算
1	2,095,013,760
2	65,872
3	771,023,382
4	1,092,234,623
5	10,217
6	17,310,088
7	431,680
8	2,004,347,887
9	141,992,289
10	281
11	2,876
12	95,931,990
13	321,672,621
14	−787,469
15	1,053,500
16	4,522,325,688
17	2,062,124
18	55,356
19	2,293,336
20	89,643

	2級　見　取　算
1 ¥	194,791,116
2 ¥	204,164,634
3 ¥	111,122,632
4 ¥	122,753,010
5 ¥	41,918,953
6 ¥	176,403,543
7 ¥	136,153,975
8 ¥	131,612,775
9 ¥	− 5,251,472
10 ¥	144,410,469

第4回　2級

	2級　乗　算		
1	450,237,720	23.61%	23.61%
2	294,697,222	15.45%	15.45%
3	278,966,573	14.63%	14.63%
4	250,609,350	13.14%	13.14%
5	632,743,965	33.18%	33.18%
小計①=	1,907,254,830	100%	
6	0.2158	0.00%	0.00%
7	9,285.9362	39.64%	0.00%
8	0.0096	0.00%	0.00%
9	14,135.2876	60.34%	0.00%
10	4.6817	0.02%	0.00%
小計②=	23,426.1309	100%	
合計 =	1,907,278,256.13		100%
11 ¥	58,587,823	4.35%	4.32%
12 ¥	262,175,232	19.47%	19.35%
13 ¥	607,877,109	45.14%	44.86%
14 ¥	133,532,217	9.92%	9.85%
15 ¥	284,377,080	21.12%	20.99%
小計③=¥	1,346,549,461	100%	
16 ¥	97,340	1.14%	0.01%
17 ¥	49,860	0.58%	0.00%
18 ¥	6,061	0.07%	0.00%
19 ¥	28,426	0.33%	0.00%
20 ¥	8,343,675	97.87%	0.62%
小計④=¥	8,525,362	100%	
合計 =¥	1,355,074,823		100%

	2級　除　算		
1	7,238	29.87%	29.86%
2	974	4.02%	4.02%
3	6,390	26.37%	26.36%
4	1,487	6.14%	6.13%
5	8,146	33.61%	33.60%
小計①=	24,235	100%	
6	0.3602	5.09%	0.00%
7	5.9813	84.53%	0.02%
8	0.2569	3.63%	0.00%
9	0.0751	1.06%	0.00%
10	0.4025	5.69%	0.00%
小計②=	7.076	100%	
合計 =	24,242.076		100%
11 ¥	9,364	26.29%	15.07%
12 ¥	2,643	7.42%	4.25%
13 ¥	12,478	35.03%	20.08%
14 ¥	5,096	14.31%	8.20%
15 ¥	6,039	16.95%	9.72%
小計③=¥	35,620	100%	
16 ¥	3,125	11.78%	5.03%
17 ¥	4,817	18.16%	7.75%
18 ¥	9,081	34.24%	14.61%
19 ¥	8,750	32.99%	14.08%
20 ¥	752	2.84%	1.21%
小計④=¥	26,525	100%	
合計 =¥	62,145		100%

	2級　複　合　算
1	785,764,130
2	3,243,826,020
3	81,036
4	2,062,284,470
5	4,086
6	2,590,764,602
7	27,446,044
8	618,613
9	253,486,105
10	311
11	1,573,673,661
12	1,930
13	36,295,168
14	−1,397,756
15	1,622,215
16	58,838
17	2,841,863,217
18	1,225,588
19	5,196,312
20	36,080

	2級　見　取　算
1 ¥	171,838,614
2 ¥	118,377,609
3 ¥	184,277,946
4 ¥	118,498,172
5 ¥	219,721,215
6 ¥	185,698,419
7 ¥	82,688,911
8 ¥	203,883,819
9 ¥	− 17,081,211
10 ¥	248,457,147

解答

第5回　2級

2級　乗算

No.		乗算	%	%
1		345,054,824	24.18%	24.18%
2		151,600,470	10.63%	10.62%
3		199,788,876	14.00%	14.00%
4		70,959,838	4.97%	4.97%
5		659,392,100	46.21%	46.21%
小計①=		1,426,796,108	100%	
6		0.1989	0.00%	0.00%
7		17,308.7444	31.64%	0.00%
8		1.2485	0.00%	0.00%
9		37,402.0836	68.36%	0.00%
10		0.0764	0.00%	0.00%
小計②=		54,712.3518	100%	
合計=		1,426,850,820.35		100%
11	¥	237,002,731	15.82%	15.73%
12	¥	348,653,760	23.27%	23.15%
13	¥	297,784,802	19.88%	19.77%
14	¥	449,708,697	30.02%	29.85%
15	¥	165,109,604	11.02%	10.96%
小計③=¥		1,498,259,594	100%	
16	¥	7,767,712	95.72%	0.52%
17	¥	28,605	0.35%	0.00%
18	¥	5,754	0.07%	0.00%
19	¥	307,075	3.78%	0.02%
20	¥	5,705	0.07%	0.00%
小計④=¥		8,114,851	100%	
合計=¥		1,506,374,445		100%

2級　除算

No.		除算	%	%
1		2,594	14.57%	14.56%
2		713	4.00%	4.00%
3		9,102	51.12%	51.09%
4		3,650	20.50%	20.49%
5		1,745	9.80%	9.80%
小計①=		17,804	100%	
6		0.0427	0.40%	0.00%
7		0.6879	6.49%	0.00%
8		8.9036	84.00%	0.05%
9		0.4368	4.12%	0.00%
10		0.5281	4.98%	0.00%
小計②=		10.5991	100%	
合計=		17,814.5991		100%
11	¥	9,013	34.71%	10.70%
12	¥	2,481	9.55%	2.95%
13	¥	1,674	6.45%	1.99%
14	¥	5,862	22.57%	6.96%
15	¥	6,938	26.72%	8.24%
小計③=¥		25,968	100%	
16	¥	40,296	69.21%	47.86%
17	¥	8,749	15.03%	10.39%
18	¥	5,307	9.11%	6.30%
19	¥	3,125	5.37%	3.71%
20	¥	750	1.29%	0.89%
小計④=¥		58,227	100%	
合計=¥		84,195		100%

2級　複合算

No.	
1	2,095,238,740
2	1,092,234,623
3	87,643
4	638,343,382
5	5,428
6	20,868,006
7	156,229,119
8	3,160
9	1,179,741,114
10	191
11	40,368
12	− 469,683
13	40,650,918
14	1,879,855,398
15	9,179
16	7,228,952,559
17	6,942,524
18	2,417,558
19	91,331
20	44,851

2級　見取算

No.		
1	¥	176,529,462
2	¥	176,511,750
3	¥	55,424,459
4	¥	194,384,445
5	¥	24,362,753
6	¥	158,530,872
7	¥	123,630,527
8	¥	231,141,729
9	¥	− 45,460,007
10	¥	194,850,642

第6回　2級

2級　乗算

No.		乗算	%	%
1		341,692,737	36.73%	36.73%
2		231,776,460	24.92%	24.92%
3		92,646,126	9.96%	9.96%
4		167,427,442	18.00%	18.00%
5		96,658,320	10.39%	10.39%
小計①=		930,201,085	100%	
6		0.0122	0.00%	0.00%
7		324.7460	3.76%	0.00%
8		7.6356	0.09%	0.00%
9		8,287.4709	95.88%	0.00%
10		23.8108	0.28%	0.00%
小計②=		8,643.6755	100%	
合計=		930,209,728.675		100%
11	¥	239,778,246	25.76%	25.74%
12	¥	344,582,790	37.02%	36.99%
13	¥	92,377,626	9.92%	9.92%
14	¥	130,777,686	14.05%	14.04%
15	¥	123,390,012	13.25%	13.25%
小計③=¥		930,906,360	100%	
16	¥	10,475	1.91%	0.00%
17	¥	4,514	0.83%	0.00%
18	¥	200,624	36.67%	0.02%
19	¥	28,980	5.30%	0.00%
20	¥	302,498	55.29%	0.03%
小計④=¥		547,091	100%	
合計=¥		931,453,451		100%

2級　除算

No.		除算	%	%
1		5,019	26.93%	26.92%
2		6,927	37.17%	37.16%
3		1,830	9.82%	9.82%
4		352	1.89%	1.89%
5		4,506	24.18%	24.17%
小計①=		18,634	100%	
6		7.3691	78.09%	0.04%
7		0.2478	2.63%	0.00%
8		0.8245	8.74%	0.00%
9		0.9183	9.73%	0.00%
10		0.0764	0.81%	0.00%
小計②=		9.4361	100%	
合計=		18,643.4361		100%
11	¥	7,584	34.78%	9.85%
12	¥	9,603	44.04%	12.47%
13	¥	2,397	10.99%	3.11%
14	¥	462	2.12%	0.60%
15	¥	1,759	8.07%	2.28%
小計③=¥		21,805	100%	
16	¥	6,218	11.27%	8.08%
17	¥	8,940	16.20%	11.61%
18	¥	5,136	9.31%	6.67%
19	¥	30,875	55.94%	40.10%
20	¥	4,021	7.29%	5.22%
小計④=¥		55,190	100%	
合計=¥		76,995		100%

2級　複合算

No.	
1	1,508,519,740
2	87,965
3	499,056,654
4	6,804
5	951,919,669
6	9,230,686
7	381,039
8	981,232,605
9	112,622,403
10	311
11	656
12	19,427,364
13	1,046,054,590
14	− 194,583
15	2,495,195
16	4,089,223,389
17	1,221,276
18	99,378
19	58,656,312
20	36,016

2級　見取算

No.		
1	¥	221,429,634
2	¥	67,826,314
3	¥	257,280,819
4	¥	99,799,596
5	¥	122,262,171
6	¥	158,922,255
7	¥	105,897,715
8	¥	257,983,221
9	¥	− 23,121,222
10	¥	204,130,605

第7回　2級

2級 乗算

1	135,174,069	24.04%	24.04%
2	85,132,191	15.14%	15.14%
3	126,252,120	22.46%	22.46%
4	56,331,614	10.02%	10.02%
5	159,342,480	28.34%	28.34%
小計①=	562,232,474	100%	
6	0.0733	0.01%	0.00%
7	481.4316	42.42%	0.00%
8	63.5335	5.60%	0.00%
9	0.3495	0.03%	0.00%
10	589.5825	51.95%	0.00%
小計②=	1,134.9704	100%	
合計=	562,233,608.97		100%
11	¥152,434,210	12.38%	12.32%
12	¥616,815,361	50.10%	49.84%
13	¥235,787,008	19.15%	19.05%
14	¥157,710,942	12.81%	12.74%
15	¥68,357,518	5.55%	5.52%
小計③=¥	1,231,105,039	100%	
16	¥294,446	4.51%	0.02%
17	¥247,793	3.80%	0.02%
18	¥4,635	0.07%	0.00%
19	¥5,967,420	91.48%	0.48%
20	¥8,706	0.13%	0.00%
小計④=¥	6,523,000	100%	
合計=¥	1,237,628,039		100%

2級 除算

1	802	3.74%	3.74%
2	2,790	13.03%	13.02%
3	3,184	14.87%	14.86%
4	9,273	43.30%	43.29%
5	5,367	25.06%	25.05%
小計①=	21,416	100%	
6	0.6931	12.08%	0.00%
7	0.7849	13.68%	0.00%
8	0.1458	2.54%	0.00%
9	4.0526	70.63%	0.02%
10	0.0615	1.07%	0.00%
小計②=	5.7379	100%	
合計=	21,421.7379		100%
11	¥2,471	3.89%	2.79%
12	¥9,516	14.99%	10.73%
13	¥7,143	11.25%	8.05%
14	¥43,267	68.15%	48.78%
15	¥1,094	1.72%	1.23%
小計③=¥	63,491	100%	
16	¥5,032	19.97%	5.67%
17	¥6,908	27.41%	7.79%
18	¥3,825	15.18%	4.31%
19	¥689	2.73%	0.78%
20	¥8,750	34.72%	9.87%
小計④=¥	25,204	100%	
合計=¥	88,695		100%

2級 複合算

1	660,660,276
2	4,845,611,518
3	91,204
4	319,540,383
5	407,339
6	18,070,392
7	97,898,505
8	594,562
9	1,738,427,700
10	394
11	9,720
12	−1,304,575
13	36,282,418
14	147,624,672
15	1,622,215
16	151,203,750
17	47,204,080
18	3,048,474
19	132,698
20	57,140

2級 見取算

1	¥185,625,393
2	¥210,115,716
3	¥150,825,283
4	¥185,555,049
5	¥176,895,728
6	¥132,082,221
7	¥13,433,097
8	¥248,663,766
9	¥−20,871,326
10	¥167,157,885

第8回　2級

2級 乗算

1	258,229,464	20.69%	20.69%
2	274,414,562	21.99%	21.99%
3	185,441,540	14.86%	14.86%
4	166,430,630	13.34%	13.34%
5	363,321,696	29.12%	29.12%
小計①=	1,247,837,892	100%	
6	24,750.3627	81.56%	0.00%
7	61.6372	0.20%	0.00%
8	0.0245	0.00%	0.00%
9	25.7996	0.09%	0.00%
10	5,508.6141	18.15%	0.00%
小計②=	30,346.4381	100%	
合計=	1,247,868,238.43		100%
11	¥218,798,737	13.57%	13.54%
12	¥49,960,768	3.10%	3.09%
13	¥141,514,640	8.78%	8.76%
14	¥857,991,747	53.21%	53.09%
15	¥344,301,687	21.35%	21.30%
小計③=¥	1,612,567,579	100%	
16	¥1,087,711	29.66%	0.07%
17	¥15,945	0.43%	0.00%
18	¥4,401	0.12%	0.00%
19	¥2,517,551	68.64%	0.16%
20	¥42,201	1.15%	0.00%
小計④=¥	3,667,809	100%	
合計=¥	1,616,235,388		100%

2級 除算

1	3,589	15.54%	15.54%
2	214	0.93%	0.93%
3	4,102	17.76%	17.76%
4	9,467	41.00%	40.98%
5	5,720	24.77%	24.76%
小計①=	23,092	100%	
6	0.8276	8.68%	0.00%
7	0.6358	6.67%	0.00%
8	0.0935	0.98%	0.00%
9	0.1093	1.15%	0.00%
10	7.8641	82.52%	0.03%
小計②=	9.5303	100%	
合計=	23,101.5303		100%
11	¥5,324	15.55%	7.92%
12	¥6,309	18.43%	9.39%
13	¥9,486	27.70%	14.12%
14	¥5,048	14.74%	7.51%
15	¥8,073	23.58%	12.02%
小計③=¥	34,240	100%	
16	¥3,712	11.27%	5.53%
17	¥7,150	21.70%	10.64%
18	¥16,825	51.07%	25.04%
19	¥291	0.88%	0.43%
20	¥4,967	15.08%	7.39%
小計④=¥	32,945	100%	
合計=¥	67,185		100%

2級 複合算

1	18,541
2	288
3	403,106,625
4	827
5	17,430
6	29,512
7	3,970,736
8	189
9	4,617,146
10	44,133
11	7,899
12	223,555,248
13	1,835
14	96,733,992
15	3,116,946
16	−12,609
17	182,565,174
18	3,884
19	640,798,550
20	95

2級 見取算

1	¥158,507,448
2	¥99,386,703
3	¥212,476,155
4	¥51,005,330
5	¥223,900,935
6	¥185,838,375
7	¥−35,828,757
8	¥212,681,919
9	¥86,947,859
10	¥214,873,500

第9回　2級

2級　乗算

No.				
1		592,993,576	35.07%	35.06%
2		52,370,266	3.10%	3.10%
3		126,215,670	7.46%	7.46%
4		456,441,480	26.99%	26.99%
5		463,100,971	27.38%	27.38%
小計①=		1,691,121,963	100%	
6		4,427.1315	11.12%	0.00%
7		0.7105	0.00%	0.00%
8		35,365.6501	88.82%	0.00%
9		0.0289	0.00%	0.00%
10		25.0332	0.06%	0.00%
小計②=		39,818.5542	100%	
合計=		1,691,161,781.55		100%
11	¥	347,136,818	22.81%	22.18%
12	¥	740,832,470	48.67%	47.33%
13	¥	61,796,878	4.06%	3.95%
14	¥	77,588,784	5.10%	4.96%
15	¥	294,670,541	19.36%	18.83%
小計③=¥		1,522,025,491	100%	
16	¥	227,551	0.53%	0.01%
17	¥	2,533	0.01%	0.00%
18	¥	42,859,547	99.09%	2.74%
19	¥	113,531	0.26%	0.01%
20	¥	50,540	0.12%	0.00%
小計④=¥		43,253,702	100%	
合計=¥		1,565,279,193		100%

2級　除算

No.				
1		90,735	80.06%	80.05%
2		6,140	5.42%	5.42%
3		4,816	4.25%	4.25%
4		8,241	7.27%	7.27%
5		3,408	3.01%	3.01%
小計①=		113,340	100%	
6		0.5374	6.45%	0.00%
7		0.1682	2.02%	0.00%
8		0.0597	0.72%	0.00%
9		7.2659	87.25%	0.01%
10		0.2963	3.56%	0.00%
小計②=		8.3275	100%	
合計=		113,348.3275		100%
11	¥	5,817	8.19%	6.67%
12	¥	7,501	10.56%	8.61%
13	¥	40,769	57.41%	46.77%
14	¥	9,248	13.02%	10.61%
15	¥	7,683	10.82%	8.81%
小計③=¥		71,018	100%	
16	¥	2,096	12.98%	2.40%
17	¥	1,350	8.36%	1.55%
18	¥	634	3.93%	0.73%
19	¥	8,942	55.38%	10.26%
20	¥	3,125	19.35%	3.59%
小計④=¥		16,147	100%	
合計=¥		87,165		100%

2級　複合算

No.	
1	4,619
2	570,784,168
3	141,981,838
4	710,389
5	58,179
6	231,116,600
7	1,665
8	7,990
9	5,220,768
10	13,350
11	2,657,205
12	382
13	64,242,464
14	48,362
15	53
16	897
17	91,518,516
18	369
19	31,910
20	3,564,705

2級　見取算

No.		
1	¥	203,194,644
2	¥	38,213,466
3	¥	167,797,077
4	¥	65,355,382
5	¥	168,360,009
6	¥	166,957,689
7	¥	−9,293,376
8	¥	245,229,429
9	¥	−8,769,135
10	¥	170,937,093

第10回　2級

2級　乗算

No.				
1		86,588,320	4.87%	4.87%
2		45,913,025	2.58%	2.58%
3		675,848,544	38.04%	38.04%
4		800,424,600	45.05%	45.05%
5		167,826,373	9.45%	9.45%
小計①=		1,776,600,862	100%	
6		0.1280	0.00%	0.00%
7		51,463.1333	72.60%	0.00%
8		3.9183	0.01%	0.00%
9		0.4578	0.00%	0.00%
10		19,421.3838	27.40%	0.00%
小計②=		70,889.0212	100%	
合計=		1,776,671,751.02		100%
11	¥	92,858,744	6.88%	6.43%
12	¥	314,373,826	23.31%	21.78%
13	¥	87,438,110	6.48%	6.06%
14	¥	392,374,227	29.09%	27.19%
15	¥	461,887,587	34.24%	32.01%
小計③=¥		1,348,932,494	100%	
16	¥	58,455,222	62.06%	4.05%
17	¥	22,308	0.02%	0.00%
18	¥	15,921	0.02%	0.00%
19	¥	2,766	0.00%	0.00%
20	¥	35,698,806	37.90%	2.47%
小計④=¥		94,195,023	100%	
合計=¥		1,443,127,517		100%

2級　除算

No.				
1		9,840	36.44%	36.44%
2		8,524	31.57%	31.56%
3		739	2.74%	2.74%
4		1,398	5.18%	5.18%
5		6,501	24.08%	24.07%
小計①=		27,002	100%	
6		0.3067	7.60%	0.00%
7		0.4723	11.70%	0.00%
8		2.6415	65.44%	0.01%
9		0.0976	2.42%	0.00%
10		0.5182	12.84%	0.00%
小計②=		4.0363	100%	
合計=		27,006.0363		100%
11	¥	8,416	39.06%	6.82%
12	¥	2,061	9.57%	1.67%
13	¥	193	0.90%	0.16%
14	¥	5,629	26.13%	4.56%
15	¥	5,247	24.35%	4.25%
小計③=¥		21,546	100%	
16	¥	9,350	9.18%	7.57%
17	¥	4,375	4.29%	3.54%
18	¥	6,082	5.97%	4.93%
19	¥	78,104	76.66%	63.28%
20	¥	3,978	3.90%	3.22%
小計④=¥		101,889	100%	
合計=¥		123,435		100%

2級　複合算

No.	
1	141,383,928
2	812,366
3	581,496,305
4	5,235
5	9,686
6	9,191
7	3,926,537
8	250,349,457
9	2,154
10	54,579
11	55,560
12	803
13	2,798,188
14	256
15	4,966,405
16	96,139,072
17	56,724
18	286,394,689
19	435
20	160

2級　見取算

No.		
1	¥	149,511,237
2	¥	124,392,320
3	¥	266,440,299
4	¥	106,058,866
5	¥	161,954,025
6	¥	203,948,922
7	¥	−14,465,371
8	¥	130,589,607
9	¥	−3,324,522
10	¥	165,004,482

第1回 1級

1級 乗算

		%	%
1	44,889,206,607	26.79%	26.79%
2	50,868,039,288	30.36%	30.36%
3	18,160,027,060	10.84%	10.84%
4	17,123,625,208	10.22%	10.22%
5	36,494,581,040	21.78%	21.78%
小計①	167,535,479,203	100%	
6	0.06737	0.00%	0.00%
7	4.13722	0.14%	0.00%
8	0.86661	0.03%	0.00%
9	3,042.02489	99.70%	0.00%
10	4.11698	0.13%	0.00%
小計②=	3,051.21307	100%	
合計=	167,535,482,254		100%
11	¥18,876,606,942	15.36%	15.36%
12	¥26,828,947,100	21.84%	21.82%
13	¥16,674,885,363	13.57%	13.56%
14	¥11,471,194,368	9.34%	9.33%
15	¥49,018,433,772	39.89%	39.88%
小計③=¥	122,870,067,545	100%	
16	¥36,810	0.06%	0.00%
17	¥33,937,666	56.98%	0.03%
18	¥198,731	0.33%	0.00%
19	¥25,189,972	42.29%	0.02%
20	¥196,980	0.33%	0.00%
小計④=¥	59,560,159	100%	
合計=¥	122,929,627,704		100%

1級 除算

		%	%
1	2,401	1.49%	1.49%
2	17,869	11.12%	11.12%
3	35,682	22.21%	22.21%
4	56,197	34.98%	34.97%
5	48,520	30.20%	30.20%
小計①	160,669	100%	
6	8.09375	77.73%	0.01%
7	0.62048	5.96%	0.00%
8	0.03714	0.36%	0.00%
9	0.71936	6.91%	0.00%
10	0.94253	9.05%	0.00%
小計②=	10.41326	100%	
合計=	160,679.41326		100%
11	¥309,172	49.54%	40.15%
12	¥81,403	13.04%	10.57%
13	¥93,581	14.99%	12.15%
14	¥64,239	10.29%	8.34%
15	¥75,698	12.13%	9.83%
小計③=¥	624,093	100%	
16	¥18,750	12.85%	2.44%
17	¥6,947	4.76%	0.90%
18	¥57,824	39.63%	7.51%
19	¥42,016	28.80%	5.46%
20	¥20,365	13.96%	2.64%
小計④=¥	145,902	100%	
合計=¥	769,995		100%

1級 複合算

1	3,492
2	87,635
3	−32,850,273,124
4	52,947,342,950
5	1.104
6	2,413,629,700
7	186,338,285,636
8	2,616,844.104
9	36,824
10	73.956
11	154,538,783,298
12	82,688,841.063
13	74,369
14	9,876
15	446,038.065
16	−22,768,911
17	4,516,780
18	612,256.195
19	602,194
20	1,783.765

1級 見取算

1	¥17,589,339,810
2	¥8,300,505,186
3	¥16,146,423,225
4	¥25,339,303,017
5	¥5,451,075,133
6	¥12,508,749,801
7	¥11,258,303,782
8	¥25,053,306,183
9	¥−1,626,709,223
10	¥14,598,449,820

第2回 1級

1級 乗算

		%	%
1	3,682,731,528	2.11%	2.11%
2	55,176,407,720	31.55%	31.55%
3	69,387,106,360	39.68%	39.68%
4	11,964,951,117	6.84%	6.84%
5	34,668,134,844	19.82%	19.82%
小計①=	174,879,331,569	100%	
6	1.46615	0.38%	0.00%
7	3.26654	0.85%	0.00%
8	0.02164	0.01%	0.00%
9	360.31697	93.36%	0.00%
10	20.88554	5.41%	0.00%
小計②=	385.95684	100%	
合計=	174,879,331,954		100%
11	¥7,226,730,368	6.00%	6.00%
12	¥46,133,203,740	38.32%	38.32%
13	¥10,120,683,118	8.41%	8.41%
14	¥3,862,955,084	3.21%	3.21%
15	¥53,049,340,302	44.06%	44.06%
小計③=¥	120,392,912,612	100%	
16	¥2,365,550	52.04%	0.00%
17	¥719,660	15.83%	0.00%
18	¥23,699	0.52%	0.00%
19	¥392,886	8.64%	0.00%
20	¥1,044,100	22.97%	0.00%
小計④=¥	4,545,895	100%	
合計=¥	120,397,458,507		100%

1級 除算

		%	%
1	71,358	33.74%	33.74%
2	5,691	2.69%	2.69%
3	62,479	29.54%	29.54%
4	43,780	20.70%	20.70%
5	28,165	13.32%	13.32%
小計①=	211,473	100%	
6	0.30514	3.03%	0.00%
7	0.14826	1.47%	0.00%
8	0.96207	9.54%	0.00%
9	8.59032	85.18%	0.00%
10	0.07943	0.79%	0.00%
小計②=	10.08522	100%	
合計=	211,483.08522		100%
11	¥85,016	8.88%	7.52%
12	¥701,825	73.29%	62.11%
13	¥13,748	1.44%	1.22%
14	¥62,904	6.57%	5.57%
15	¥94,157	9.83%	8.33%
小計③=¥	957,650	100%	
16	¥27,360	15.88%	2.42%
17	¥59,283	34.40%	5.25%
18	¥30,671	17.80%	2.71%
19	¥48,539	28.16%	4.30%
20	¥6,492	3.77%	0.57%
小計④=¥	172,345	100%	
合計=¥	1,129,995		100%

1級 複合算

1	84,731
2	79,643,937,951
3	−95,009,836,398
4	904
5	1.516
6	306,364,711,242
7	80,364
8	4,437,492.224
9	3,536,242,987
10	94,506.423
11	104,006,289.009
12	612,256.195
13	34,567
14	79,637,924,042
15	8,002
16	309,891
17	496,290
18	1,042,703.916
19	21,358,981.935
20	94.913

1級 見取算

1	¥12,917,513,970
2	¥9,159,047,454
3	¥12,004,479,900
4	¥11,437,346,817
5	¥20,662,749,441
6	¥18,923,004,531
7	¥−3,584,084,015
8	¥14,377,136,670
9	¥3,895,636,036
10	¥14,305,826,061

第3回　1級

1級乗算

1	34,754,125,266	21.20%	21.20%
2	79,447,615,283	48.46%	48.46%
3	4,102,061,130	2.50%	2.50%
4	25,250,051,100	15.40%	15.40%
5	20,403,510,810	12.44%	12.44%
小計①=	163,957,363,589	100%	
6	299.40381	77.24%	0.00%
7	0.05468	0.01%	0.00%
8	52.45695	13.53%	0.00%
9	14.69538	3.79%	0.00%
10	21.02123	5.42%	0.00%
小計②=	387.63205	100%	
合計=	163,957,363,976		100%
11 ¥	33,958,918,752	23.55%	23.55%
12 ¥	13,614,195,551	9.44%	9.44%
13 ¥	30,385,124,298	21.08%	21.07%
14 ¥	31,215,478,560	21.65%	21.65%
15 ¥	34,999,877,696	24.28%	24.27%
小計③= ¥	144,173,594,857	100%	
16 ¥	2,876,257	33.33%	0.00%
17 ¥	4,665,600	54.07%	0.00%
18 ¥	36,125	0.42%	0.00%
19 ¥	366,355	4.25%	0.00%
20 ¥	684,409	7.93%	0.00%
小計④= ¥	8,628,746	100%	
合計= ¥	144,182,223,603		100%

1級除算

1	70,251	38.64%	38.63%
2	6,137	3.38%	3.37%
3	19,348	10.64%	10.64%
4	57,690	31.73%	31.73%
5	28,406	15.62%	15.62%
小計①=	181,832	100%	
6	0.42085	4.24%	0.00%
7	0.94712	9.54%	0.00%
8	0.05863	0.59%	0.00%
9	0.36529	3.68%	0.00%
10	8.13974	81.96%	0.00%
小計②=	9.93163	100%	
合計	181,841.93163		100%
11 ¥	86,409	35.24%	8.31%
12 ¥	15,947	6.50%	1.53%
13 ¥	2,584	1.05%	0.25%
14 ¥	47,250	19.27%	4.54%
15 ¥	93,016	37.93%	8.94%
小計③= ¥	245,206	100%	
16 ¥	30,968	3.90%	2.98%
17 ¥	609,371	76.64%	58.58%
18 ¥	78,125	9.83%	7.51%
19 ¥	51,732	6.51%	4.97%
20 ¥	24,863	3.13%	2.39%
小計④= ¥	795,059	100%	
合計= ¥	1,040,265		100%

1級複合算

1	76,281
2	− 186,850,989,404
3	510
4	154,483,505,665
5	1.282
6	− 229,401,738,840
7	116,461,713.093
8	43,324,202.461
9	362
10	1,282.970
11	97,078,847.063
12	59,043
13	256,489,070,454
14	3,879
15	4,882,085.717
16	295,887
17	1,662,547.392
18	17,658,042.486
19	687,798
20	251.426

1級見取算

1 ¥	15,634,661,895
2 ¥	20,210,599,404
3 ¥	6,530,685,369
4 ¥	23,844,919,176
5 ¥	8,772,737,219
6 ¥	12,628,245,951
7 ¥	12,953,450,193
8 ¥	19,309,894,794
9 ¥	− 1,010,493,075
10 ¥	14,506,727,670

第4回　1級

1級乗算

1	16,849,203,870	16.69%	16.69%
2	20,251,735,770	20.06%	20.06%
3	12,778,036,430	12.66%	12.66%
4	37,680,084,162	37.32%	37.32%
5	13,412,409,504	13.28%	13.28%
小計①=	100,971,469,736	100%	
6	81.83806	4.35%	0.00%
7	0.01144	0.00%	0.00%
8	510.77118	27.12%	0.00%
9	1,284.07942	68.18%	0.00%
10	6.74248	0.36%	0.00%
小計②=	1,883.44258	100%	
合計=	100,971,471,619		100%
11 ¥	71,992,231,350	41.79%	41.79%
12 ¥	17,279,114,060	10.03%	10.03%
13 ¥	21,591,912,384	12.53%	12.53%
14 ¥	51,565,318,127	29.93%	29.93%
15 ¥	9,834,725,664	5.71%	5.71%
小計③= ¥	172,263,301,585	100%	
16 ¥	2,496	0.05%	0.00%
17 ¥	60,552	1.27%	0.00%
18 ¥	3,734,139	78.43%	0.00%
19 ¥	808,328	16.98%	0.00%
20 ¥	155,355	3.26%	0.00%
小計④= ¥	4,760,870	100%	
合計= ¥	172,268,062,455		100%

1級除算

1	86,209	36.52%	36.52%
2	4,865	2.06%	2.06%
3	17,396	7.37%	7.37%
4	95,427	40.42%	40.42%
5	32,180	13.63%	13.63%
小計①=	236,077	100%	
6	0.03512	0.49%	0.00%
7	5.40738	75.74%	0.00%
8	0.29674	4.16%	0.00%
9	0.71943	10.08%	0.00%
10	0.68051	9.53%	0.00%
小計②=	7.13918	100%	
合計=	236,084.13918		100%
11 ¥	40,536	25.26%	2.97%
12 ¥	1,742	1.09%	0.13%
13 ¥	51,807	32.28%	3.80%
14 ¥	27,469	17.11%	2.01%
15 ¥	38,950	24.27%	2.86%
小計③= ¥	160,504	100%	
16 ¥	972,384	80.80%	71.29%
17 ¥	35,018	2.91%	2.57%
18 ¥	80,691	6.70%	5.92%
19 ¥	69,273	5.76%	5.08%
20 ¥	46,125	3.83%	3.38%
小計④= ¥	1,203,491	100%	
合計= ¥	1,363,995		100%

1級複合算

1	428
2	94,321
3	− 341,020,333,088
4	256,489,070,454
5	1,216.680
6	− 162,261,589,601
7	673
8	58,127,653.915
9	175,386,581.811
10	1,257.591
11	− 31,237,421
12	107,431,309.424
13	294,227,622.735
14	9,430,578
15	237,380.389
16	18,645,730.709
17	399,098
18	2,996,094.798
19	710,586
20	204,162.760

1級見取算

1 ¥	16,231,588,740
2 ¥	2,681,139,549
3 ¥	17,298,351,270
4 ¥	4,374,529,026
5 ¥	17,249,355,810
6 ¥	19,286,181,810
7 ¥	6,185,030,504
8 ¥	23,121,170,163
9 ¥	− 1,558,518,544
10 ¥	16,994,175,291

第5回　1級

1級　乗算

1	43,954,902,656	31.39%	31.39%
2	8,770,943,312	6.26%	6.26%
3	58,063,108,159	41.46%	41.46%
4	25,509,727,520	18.22%	18.22%
5	3,741,697,520	2.67%	2.67%
小計①=	140,040,379,167	100%	
6	3,498.95381	93.59%	0.00%
7	5.36209	0.14%	0.00%
8	0.04281	0.00%	0.00%
9	201.86948	5.40%	0.00%
10	32.50565	0.87%	0.00%
小計②=	3,738.73384	100%	
合計=	140,040,382,905		100%
11	¥32,703,784,414	23.71%	23.71%
12	¥39,466,461,282	28.61%	28.61%
13	¥9,599,950,620	6.96%	6.96%
14	¥41,057,253,027	29.76%	29.76%
15	¥15,117,101,640	10.96%	10.96%
小計③=¥	137,944,550,983	100%	
16	¥2,824,585	20.34%	0.00%
17	¥2,754,892	19.84%	0.00%
18	¥8,129,360	58.54%	0.01%
19	¥1,691	0.01%	0.00%
20	¥176,075	1.27%	0.00%
小計④=¥	13,886,603	100%	
合計=¥	137,958,437,586		100%

1級　除算

1	9,126	4.86%	4.86%
2	13,609	7.24%	7.24%
3	54,378	28.95%	28.94%
4	68,237	36.32%	36.32%
5	42,510	22.63%	22.63%
小計①=	187,860	100%	
6	7.90843	83.94%	0.00%
7	0.37982	4.03%	0.00%
8	0.86095	9.14%	0.00%
9	0.01754	0.19%	0.00%
10	0.25461	2.70%	0.00%
小計②=	9.42135	100%	
合計=	187,869.42135		100%
11	¥4,309	2.64%	0.38%
12	¥51,743	31.73%	4.51%
13	¥26,431	16.21%	2.30%
14	¥67,018	41.09%	5.84%
15	¥13,587	8.33%	1.18%
小計③=¥	163,088	100%	
16	¥89,625	9.10%	7.81%
17	¥90,276	9.17%	7.86%
18	¥748,192	75.97%	65.17%
19	¥35,860	3.64%	3.12%
20	¥20,954	2.13%	1.83%
小計④=¥	984,907	100%	
合計=¥	1,147,995		100%

1級　複合算

1	90,181,280,830
2	57,013
3	125,348,196.032
4	10,994,655,733
5	64.593
6	−343,514,239,496
7	687
8	61.991
9	59,531,669.184
10	864.694
11	67,904,353.745
12	2,581,473
13	48,344,396.292
14	−51,047,482
15	303,449.462
16	710,300
17	746,285
18	4,882,085.717
19	29,583,084.264
20	178,377.034

1級　見取算

1	¥25,181,725,320
2	¥13,412,211,480
3	¥8,495,268,390
4	¥14,515,087,185
5	¥5,119,956,432
6	¥21,464,948,232
7	¥12,218,110,918
8	¥20,288,172,060
9	¥−3,105,567,095
10	¥19,392,227,631

解答

第6回　1級

1級　乗算

1	51,635,051,196	30.23%	30.23%
2	45,111,991,040	26.41%	26.41%
3	24,616,519,790	14.41%	14.41%
4	14,800,308,120	8.66%	8.66%
5	34,643,521,136	20.28%	20.28%
小計①=	170,807,391,282	100%	
6	0.03686	0.00%	0.00%
7	1,698.52698	50.82%	0.00%
8	0.92774	0.03%	0.00%
9	1,642.05401	49.13%	0.00%
10	0.74205	0.02%	0.00%
小計②=	3,342.28764	100%	
合計=	170,807,394,624		100%
11	¥17,619,223,540	16.34%	16.34%
12	¥4,823,909,445	4.48%	4.47%
13	¥52,835,823,912	49.01%	49.01%
14	¥8,077,833,071	7.49%	7.49%
15	¥24,439,995,512	22.67%	22.67%
小計③=¥	107,796,785,480	100%	
16	¥432,630	2.19%	0.00%
17	¥18,350,625	92.87%	0.02%
18	¥513,113	2.60%	0.00%
19	¥437,471	2.21%	0.00%
20	¥25,909	0.13%	0.00%
小計④=¥	19,759,748	100%	
合計=¥	107,816,545,228		100%

1級　除算

1	5,946	2.62%	2.62%
2	68,504	30.17%	30.17%
3	17,830	7.85%	7.85%
4	39,718	17.49%	17.49%
5	95,027	41.86%	41.86%
小計①=	227,025	100%	
6	0.03175	0.36%	0.00%
7	0.46352	5.18%	0.00%
8	0.21469	2.40%	0.00%
9	7.40281	82.81%	0.00%
10	0.82693	9.25%	0.00%
小計②=	8.93970	100%	
合計=	227,033.93970		100%
11	¥205,681	53.65%	30.25%
12	¥52,403	13.67%	7.71%
13	¥46,379	12.10%	6.82%
14	¥68,194	17.79%	10.03%
15	¥10,746	2.80%	1.58%
小計③=¥	383,403	100%	
16	¥74,965	25.28%	11.02%
17	¥31,250	10.54%	4.60%
18	¥93,518	31.53%	13.75%
19	¥9,827	3.31%	1.45%
20	¥87,032	29.34%	12.80%
小計④=¥	296,592	100%	
合計=¥	679,995		100%

1級　複合算

1	176,847,599,772
2	252,998,980.272
3	20,925,320,306
4	35.574
5	48,623
6	103,631,782,412
7	21,817,938.713
8	575,940,716
9	90,482
10	35.944
11	87,016,666.163
12	68,974,142.624
13	−54,398,277
14	79,315
15	446,038.065
16	419,785
17	2,996,570.943
18	−13,468,016
19	680,781
20	2,028.844

1級　見取算

1	¥21,628,794,852
2	¥6,506,596,034
3	¥17,544,157,470
4	¥9,357,739,215
5	¥19,328,792,562
6	¥17,236,993,032
7	¥10,670,997,649
8	¥16,140,896,523
9	¥−2,315,818,658
10	¥22,846,264,515

第7回　1級

1級　乗算

1	22,156,063,330	34.50%	34.50%
2	14,140,163,072	22.02%	22.02%
3	9,669,700,572	15.06%	15.06%
4	5,947,670,598	9.26%	9.26%
5	12,311,693,940	19.17%	19.17%
小計①=	64,225,291,512	100%	
6	0.04921	0.00%	0.00%
7	6.88287	0.29%	0.00%
8	64.87912	2.73%	0.00%
9	2,301.76913	96.95%	0.00%
10	0.71849	0.03%	0.00%
小計②=	2,374.29882	100%	
合計=	64,225,293,886.2		100%
11 ¥	18,695,970,879	14.82%	14.82%
12 ¥	17,947,537,748	14.23%	14.22%
13 ¥	10,457,258,570	8.29%	8.29%
14 ¥	41,052,994,157	32.54%	32.53%
15 ¥	38,006,725,410	30.13%	30.12%
小計③=¥	126,160,486,764	100%	
16 ¥	379,500	1.10%	0.00%
17 ¥	252,956	0.73%	0.00%
18 ¥	4,184,643	12.16%	0.00%
19 ¥	66,249	0.19%	0.00%
20 ¥	29,540,585	85.81%	0.02%
小計④=¥	34,423,933	100%	
合計=¥	126,194,910,697		100%

1級　除算

1	69,137	32.28%	32.28%
2	2,768	1.29%	1.29%
3	76,349	35.65%	35.64%
4	48,510	22.65%	22.65%
5	17,426	8.14%	8.14%
小計①=	214,190	100%	
6	8.25904	82.11%	0.00%
7	0.94085	9.35%	0.00%
8	0.51273	5.10%	0.00%
9	0.30892	3.07%	0.00%
10	0.03651	0.36%	0.00%
小計②=	10.05805	100%	
合計=	214,200.05805		100%
11 ¥	63,182	20.46%	10.71%
12 ¥	109,428	35.43%	18.55%
13 ¥	74,801	24.22%	12.68%
14 ¥	25,364	8.21%	4.30%
15 ¥	36,097	11.69%	6.12%
小計③=¥	308,872	100%	
16 ¥	91,250	32.46%	15.47%
17 ¥	2,935	1.04%	0.50%
18 ¥	57,613	20.49%	9.76%
19 ¥	48,576	17.28%	8.23%
20 ¥	80,749	28.72%	13.69%
小計④=¥	281,123	100%	
合計=¥	589,995		100%

1級　複合算

1	110,914,988,977
2	80,293
3	484,594,159.872
4	20,925,255,516
5	175,387,531.389
6	106,322,625,514
7	9,764
8	2,057,456.316
9	1,416,007,022
10	50.246
11	97,078,847.063
12	37,849
13	99,251,341.248
14	−71,246,832
15	612,256.195
16	416,750
17	952,011
18	2,637,597.107
19	−22,697,070
20	3,291.048

1級　見取算

1 ¥	18,528,339,861
2 ¥	18,181,425,222
3 ¥	16,769,740,873
4 ¥	19,167,432,111
5 ¥	4,626,278,917
6 ¥	17,085,939,705
7 ¥	4,698,692,263
8 ¥	18,477,976,284
9 ¥	−73,431,751
10 ¥	15,524,980,821

第8回　1級

1級　乗算

1	8,087,333,754	4.47%	4.47%
2	32,315,095,320	17.85%	17.85%
3	52,917,290,570	29.23%	29.23%
4	9,829,765,209	5.43%	5.43%
5	77,859,185,769	43.01%	43.01%
小計①=	181,008,670,622	100%	
6	0.03137	0.00%	0.00%
7	25.94556	0.69%	0.00%
8	7.13925	0.19%	0.00%
9	2,253.47113	60.01%	0.00%
10	1,468.43083	39.11%	0.00%
小計②=	3,755.01814	100%	
合計=	181,008,674,377		100%
11 ¥	26,762,549,814	21.67%	21.66%
12 ¥	67,720,295,700	54.82%	54.82%
13 ¥	4,505,029,110	3.65%	3.65%
14 ¥	8,952,515,209	7.25%	7.25%
15 ¥	15,583,469,932	12.62%	12.61%
小計③=¥	123,523,859,765	100%	
16 ¥	1,416,076	17.28%	0.00%
17 ¥	445,950	5.44%	0.00%
18 ¥	1,173,397	14.32%	0.00%
19 ¥	60,606	0.74%	0.00%
20 ¥	5,099,565	62.22%	0.00%
小計④=¥	8,195,594	100%	
合計=¥	123,532,055,359		100%

1級　除算

1	49,180	21.20%	21.19%
2	8,529	3.68%	3.68%
3	92,671	39.94%	39.94%
4	61,235	26.39%	26.39%
5	20,418	8.80%	8.80%
小計①=	232,033	100%	
6	7.35046	85.98%	0.00%
7	0.39807	4.66%	0.00%
8	0.14362	1.68%	0.00%
9	0.08754	1.02%	0.00%
10	0.56973	6.66%	0.00%
小計②=	8.54942	100%	
合計=	232,041.54942		100%
11 ¥	51,384	39.42%	4.03%
12 ¥	17,096	13.12%	1.34%
13 ¥	18,793	14.42%	1.47%
14 ¥	7,612	5.84%	0.60%
15 ¥	35,461	27.21%	2.78%
小計③=¥	130,346	100%	
16 ¥	64,528	5.63%	5.06%
17 ¥	40,625	3.54%	3.18%
18 ¥	83,079	7.25%	6.51%
19 ¥	928,307	81.00%	72.73%
20 ¥	29,450	2.57%	2.31%
小計④=¥	1,145,989	100%	
合計=¥	1,276,335		100%

1級　複合算

1	3,180,793,881
2	5,728,716,450
3	8,683
4	7,509,600
5	8.501
6	23,045,314
7	55,715,256,142
8	34,839,060,652
9	645
10	118,492,212.625
11	1,764
12	10,668
13	48,582
14	3,386,192,502
15	1,740.612
16	724
17	445,032,405,909
18	1,308,506,530
19	23,308
20	45,046.386

1級　見取算

1 ¥	19,343,801,961
2 ¥	16,024,847,184
3 ¥	7,879,790,098
4 ¥	6,771,130,459
5 ¥	15,792,015,123
6 ¥	16,731,531,477
7 ¥	10,549,137,330
8 ¥	23,003,290,692
9 ¥	23,133,988,539
10 ¥	20,245,593,213

第9回　1級

1級　乗算

#		解答		
1		32,715,215,170	19.26%	19.26%
2		56,558,221,650	33.29%	33.29%
3		35,100,794,514	20.66%	20.66%
4		15,088,992,080	8.88%	8.88%
5		30,414,625,748	17.90%	17.90%
小計①=		169,877,849,162	100%	
6		3,734.23646	39.16%	0.00%
7		15.95166	0.17%	0.00%
8		5,781.27155	60.63%	0.00%
9		3.54492	0.04%	0.00%
10		0.02377	0.00%	0.00%
小計②=		9,535.02836	100%	
合計=		169,877,858,697		100%
11	¥	14,547,452,661	8.52%	8.52%
12	¥	48,327,524,089	28.29%	28.29%
13	¥	48,592,166,010	28.44%	28.44%
14	¥	8,927,139,960	5.23%	5.23%
15	¥	50,440,424,164	29.53%	29.52%
小計③=¥		170,834,706,884	100%	
16	¥	4,703,633	47.73%	0.00%
17	¥	795,830	8.08%	0.00%
18	¥	32,604	0.33%	0.00%
19	¥	3,961,638	40.20%	0.00%
20	¥	360,660	3.66%	0.00%
小計④=¥		9,854,365	100%	
合計=¥		170,844,561,249		100%

1級　除算

#		解答		
1		79,165	30.47%	30.47%
2		56,809	21.87%	21.87%
3		4,572	1.76%	1.76%
4		38,596	14.86%	14.86%
5		80,637	31.04%	31.04%
小計①=		259,779	100%	
6		0.63208	18.44%	0.00%
7		0.31827	9.29%	0.00%
8		0.97014	28.31%	0.00%
9		1.24753	36.40%	0.00%
10		0.25941	7.57%	0.00%
小計②=		3.42743	100%	
合計=		259,782.42743		100%
11	¥	19,807	8.99%	2.03%
12	¥	29,170	13.24%	2.99%
13	¥	38,041	17.27%	3.91%
14	¥	73,059	33.17%	7.50%
15	¥	60,178	27.32%	6.18%
小計③=¥		220,255	100%	
16	¥	6,584	0.87%	0.68%
17	¥	526,793	69.88%	54.08%
18	¥	84,526	11.21%	8.68%
19	¥	94,325	12.51%	9.68%
20	¥	41,632	5.52%	4.27%
小計④=¥		753,860	100%	
合計=¥		974,115		100%

1級　複合算

#	解答
1	8,654
2	12,306,598
3	1,240,766,535
4	451,871,364,369
5	26,911,953.435
6	40,439,444,734
7	835
8	1,521
9	18,612,380
10	12.768
11	29,168,257,652
12	7,209,132,931
13	456
14	9,956
15	1,914.253
16	68,060
17	1,914,217,371
18	16,654
19	5,683,050,217
20	649,110.461

1級　見取算

#	解答
1	¥ 18,531,766,143
2	¥ 10,525,432,964
3	¥ 19,470,638,430
4	¥ 2,824,084,446
5	¥ 20,173,925,340
6	¥ −978,883,133
7	¥ 14,141,302,200
8	¥ 6,928,075,905
9	¥ 22,498,659,711
10	¥ 5,695,654,006

第10回　1級

1級　乗算

#		解答		
1		8,073,488,904	8.41%	8.41%
2		33,121,471,590	34.49%	34.49%
3		14,357,362,500	14.95%	14.95%
4		8,033,017,922	8.37%	8.37%
5		32,435,895,345	33.78%	33.78%
小計①=		96,021,236,261	100%	
6		0.07888	0.00%	0.00%
7		2.03473	0.04%	0.00%
8		5,513.45536	97.46%	0.00%
9		137.91015	2.44%	0.00%
10		3.78421	0.07%	0.00%
小計②=		5,657.26333	100%	
合計=		96,021,241,918.2		100%
11	¥	56,856,836,376	55.77%	55.76%
12	¥	9,839,817,820	9.65%	9.65%
13	¥	5,822,267,887	5.71%	5.71%
14	¥	15,532,737,792	15.24%	15.23%
15	¥	13,902,347,508	13.64%	13.63%
小計③=¥		101,954,007,383	100%	
16	¥	4,899,326	43.44%	0.00%
17	¥	1,697,961	15.06%	0.00%
18	¥	52,228	0.46%	0.00%
19	¥	3,978,726	35.28%	0.00%
20	¥	648,945	5.75%	0.00%
小計④=¥		11,277,186	100%	
合計=¥		101,965,284,569		100%

1級　除算

#		解答		
1		16,574	10.07%	10.07%
2		39,285	23.87%	23.86%
3		40,859	24.82%	24.82%
4		9,548	5.80%	5.80%
5		58,341	35.44%	35.44%
小計①=		164,607	100%	
6		0.04617	0.51%	0.00%
7		0.27163	3.00%	0.00%
8		7.29036	80.43%	0.00%
9		0.61702	6.81%	0.00%
10		0.83902	9.26%	0.00%
小計②=		9.06420	100%	
合計=		164,616.06420		100%
11	¥	19,243	8.18%	1.70%
12	¥	43,916	18.67%	3.88%
13	¥	28,401	12.07%	2.51%
14	¥	82,137	34.91%	7.25%
15	¥	61,580	26.17%	5.44%
小計③=¥		235,277	100%	
16	¥	75,068	8.36%	6.63%
17	¥	57,392	6.40%	5.07%
18	¥	670,854	74.75%	59.23%
19	¥	90,625	10.10%	8.00%
20	¥	3,479	0.39%	0.31%
小計④=¥		897,418	100%	
合計=¥		1,132,695		100%

1級　複合算

#	解答
1	7,483
2	31,948
3	3,113,452,980
4	12,759,076
5	13.897
6	39,208
7	9,944
8	5,561,536,512
9	735
10	35,248,857.272
11	1,444
12	35,990,816,511
13	19,282,830
14	40,285,675,836
15	2,165.853
16	651
17	302,158,289,339
18	1,898,662,572
19	4,915,620,440
20	77,945.766

1級　見取算

#	解答
1	¥ 16,824,628,233
2	¥ 3,253,926,057
3	¥ 15,736,628,529
4	¥ 15,021,228,924
5	¥ 7,973,960,650
6	¥ 6,227,087,923
7	¥ 21,354,717,906
8	¥ -1,979,790,280
9	¥ 12,643,727,166
10	¥ 16,747,723,638

採　点　欄

（注意）整数未満の端数が出たときは切り捨てること。ただし、端数処理は1題の解答について行うのではなく、1計算ごとに行うこと。

【禁無断転載】

2級

No.	
1	$(4,251,987 + 24,561,335) \div (4,231 + 2,007) =$
2	$(51,005 + 28,892) \times (5,465 + 1,679) =$
3	$5,643 \times 271 + 42,965 \times 3,269 =$
4	$2,950 \times 583.12 - 67,321 \times 15 =$
5	$7,294 \div 0.9544 + 69,745 \times 0.7246 =$
6	$(56,268 + 32,623) \times (4,835 - 2,235) =$
7	$(6,801,834 + 382,641) \div (6,969 - 2,654) =$
8	$3,048 \times 0.875 + 26,040,116 \div 4,892 =$
9	$8,914 \times 586 - 9,877,788 \div 3,483 =$
10	$(68,085 \div 1.7) \div (968.45 \div 308) =$
11	$(38,959 - 35,314) \times (7,028 - 6,299) =$
12	$(7,864,935 - 7,661,329) \div (6,354 - 5,821) =$
13	$(318,032 \times 57,772) \div (23,553,244 \div 82,354) =$
14	$25,640,944 \div 2,632 + 17,417,620 \div 451 =$
15	$(48,921 \times 3,813) \div (4,825 \times 724) =$
16	$478,656 \div 48 - 749,958 \div 82.64 =$
17	$(42,634 - 38,815) \times (5,625 + 18,339) =$
18	$(8,090,052 - 7,836,549) \div (438 + 249) =$
19	$28,309,468 \div 836 - 5,208 \times 0.375 =$
20	$(834 \div 0.0751) \times (229,515 \div 715) =$

第10回　2級乗算問題 （制限時間10分）

（注意）無名数で小数第4位未満の端数が出たとき、名数で円位未満の端数が出たとき、パーセントの小数第2位未満の端数が出たときは四捨五入すること。

採点欄

No.				%	%
1	4,382	×	19,760 =	%	%
2	14,825	×	3,097 =	%	%
3	91,504	×	7,386 =	%	%
4	82,450	×	9,708 =	%	%
5	35,761	×	4,693 =	%	%
No.1～No.5　小　計 ① =				100 %	
6	0.20156	×	0.6349 =	%	%
7	58.943	×	873.1 =	%	%
8	0.076529	×	51.2 =	%	%
9	7.3248	×	0.0625 =	%	%
10	690.17	×	28.14 =	%	%
No.6～No.10　小　計 ② =				100 %	
（小計 ① + ②）合　計 =					100 %
11	¥ 18,472	×	5,027 =	%	%
12	¥ 73,814	×	4,259 =	%	%
13	¥ 27,583	×	3,170 =	%	%
14	¥ 45,609	×	8,603 =	%	%
15	¥ 60,927	×	7,581 =	%	%
No.11～No.15　小　計 ③ =				100 %	
16	¥ 623,190	×	93.8 =	%	%
17	¥ 89,375	×	0.2496 =	%	%
18	¥ 90,256	×	0.1764 =	%	%
19	¥ 34,061	×	0.0812 =	%	%
20	¥ 5,148	×	6,934.5 =	%	%
No.16～No.20　小　計 ④ =				100 %	
（小計 ③ + ④）合　計 =					100 %

（注意）無名数で小数第4位未満の端数が出たとき、名数
　　　で円位未満の端数が出たとき、パーセントの小数
　　　第2位未満の端数が出たときは四捨五入すること。

【禁無断転載】

採 点 欄

2 級

No.						%		%
1	40, 127, 520	÷	4, 078	=		%		%
2	29, 407, 800	÷	3, 450	=		%		%
3	64, 101, 599	÷	86, 741	=		%		%
4	8, 565, 546	÷	6, 127	=		%		%
5	60, 030, 234	÷	9, 234	=		%		%
No.1～No.5 小　計 ① =						100 %		
6	427. 8261	÷	1, 395	=		%		%
7	0. 04071645	÷	0. 0862	=		%		%
8	1. 574334	÷	0. 596	=		%		%
9	0. 7016464	÷	7. 189	=		%		%
10	12. 970546	÷	25. 03	=		%		%
No.6～No.10 小　計 ② =						100 %		
(小計 ① + ②) 合　計 =							100 %	
11	¥ 42, 980, 512	÷	5, 107	=		%		%
12	¥ 15, 478, 110	÷	7, 510	=		%		%
13	¥ 4, 570, 047	÷	23, 679	=		%		%
14	¥ 6, 169, 384	÷	1, 096	=		%		%
15	¥ 34, 005, 807	÷	6, 481	=		%		%
No.11～No.15 小　計 ③ =						100 %		
16	¥ 834, 394	÷	89. 24	=		%		%
17	¥ 2, 114	÷	0. 4832	=		%		%
18	¥ 458	÷	0. 0753	=		%		%
19	¥ 25, 618	÷	0. 328	=		%		%
20	¥ 3, 836, 781	÷	964. 5	=		%		%
No.16～No.20 小　計 ④ =						100 %		
(小計 ③ + ④) 合　計 =							100 %	

採　点　欄

【禁無断転載】

No.	(1)	(2)	(3)	(4)	(5)
1	¥ 932,475	¥ 7,523,819	¥ 21,498	¥ 64,153	¥ 7,934,685
2	50,187	63,204,798	189,307	278,309	61,052,794
3	26,519,843	861,250	3,504,162	7,190,285	365,802
4	4,168,309	-57,061	1,953	50,824,693	14,256
5	7,821	-2,685,947	91,263,740	-689,704	9,803,721
6	893,760	50,912,468	4,390,581	-85,341	2,193
7	19,405,238	479,583	72,154	-19,257,860	3,754,912
8	7,046,592	30,724	964,208	2,361,078	461,035
9	381,069	8,705,942	70,456,923	902,416	18,540,263
10	45,237	-6,801	2,718,645	65,019,287	27,384
11	5,721,640	-14,073,296	875,210	37,541	52,039,416
12	63,124	-390,675	5,236,879	4,768,359	618,597
13	208,415	9,648,123	48,036	129,630	47,089
14	80,374,956	71,359	639,571	-7,042	6,432,708
15	3,692,571	168,034	86,057,432	-5,476,938	859,170
計					

No.	(6)	(7)	(8)	(9)	(10)
1	¥ 31,754	¥ 43,280,579	¥ 7,169,038	¥ 348,160	¥ 56,089,273
2	784,602	28,463	902,314	27,538	6,509
3	50,273,198	954,201	35,962	684,295	3,960,417
4	95,067	7,065,932	28,617,590	4,035,729	857,931
5	2,038,916	519,670	6,109	15,460,987	41,682
6	46,907,831	-1,754	394,785	-2,578,406	132,745
7	519,720	-82,136,947	4,580,273	-892,031	7,205,896
8	1,780,345	645,893	21,948	-96,751,823	374,120
9	68,453	4,290,158	12,459,637	7,106,354	93,658
10	426,907	81,372	9,087,326	17,265	20,618,534
11	3,854,692	16,902,485	75,894	-5,410	1,462,079
12	2,569	3,678,021	836,450	-73,694	530,948
13	89,126,470	-714,538	5,208,671	920,183	4,896,710
14	648,213	-9,023,746	140,763	60,241,359	24,857
15	7,390,185	-35,160	61,052,847	8,134,972	68,709,123
計					

第10回　2級 複合算問題 （制限時間10分）

（注意）整数未満の端数が出たときは切り捨てること。ただし、端数処理は1題の解答について行うのではなく、1計算ごとに行うこと。

採点欄

2級

No.	
1	$2,781 \times 538 + 30,246 \times 4,625 =$
2	$2,976 \times 722.25 - 78,650 \times 17 =$
3	$(46,834 + 32,335) \times (4,892 + 2,453) =$
4	$(3,832,858 + 25,661,132) \div (2,954 + 2,680) =$
5	$(92,992 \div 3.2) \div (438.65 \div 115) =$
6	$5,625 \times 0.512 + 35,562,485 \div 5,635 =$
7	$9,450 \times 416 - 12,375,602 \div 2,654 =$
8	$(63,535 + 21,358) \times (5,891 - 2,942) =$
9	$(7,725,544 + 657,824) \div (7,546 - 3,654) =$
10	$4,625 \div 0.7393 + 88,962 \times 0.5432 =$
11	$17,722,075 \div 3,145 + 16,225,625 \div 325 =$
12	$501,368 \div 56 - 756,646 \div 92.84 =$
13	$(60,827 - 53,725) \times (5,825 - 5,431) =$
14	$(6,283,995 - 6,086,875) \div (7,625 - 6,855) =$
15	$(635 \div 0.0684) \times (206,510 \div 386) =$
16	$(475,936 \times 86,456) \div (27,996,764 \div 65,413) =$
17	$36,245,025 \div 615 - 4,125 \times 0.536 =$
18	$(68,325 - 59,884) \times (5,235 + 28,694) =$
19	$(5,701,203 - 5,321,448) \div (532 + 341) =$
20	$(56,435 \times 6,591) \div (5,641 \times 411) =$

1級 乗 算 問 題 （制限時間10分）

採 点 欄

(注意) 無名数で小数第5位未満の端数が出たとき、名数で円位未満の端数が出たとき、パーセントの小数第2位未満の端数が出たときは四捨五入すること。

【禁無断転載】

No.						%		%
1	4, 782, 061	×	9, 387	=		%		%
2	631, 752	×	80, 519	=		%		%
3	248, 570	×	73, 058	=		%		%
4	319, 048	×	53, 671	=		%		%
5	527, 836	×	69, 140	=		%		%
No.1～No.5 小　計 ① =						1 0 0 %		
6	0. 906453	×	0. 07432	=		%		%
7	8. 40625	×	0. 49216	=		%		%
8	0. 053189	×	16. 293	=		%		%
9	76. 294	×	39. 8724	=		%		%
10	1. 65907	×	2. 4815	=		%		%
No.6～No.10 小　計 ② =						1 0 0 %		
(小計 ① + ②) 合　計 =								1 0 0 ％
11	¥ 25, 419	×	742, 618	=		%		%
12	¥ 436, 598	×	61, 450	=		%		%
13	¥ 174, 203	×	95, 721	=		%		%
14	¥ 849, 152	×	13, 509	=		%		%
15	¥ 563, 871	×	86, 932	=		%		%
No.11～No.15 小　計 ③ =						1 0 0 %		
16	¥ 392, 640	×	0. 09375	=		%		%
17	¥ 910, 736	×	37. 264	=		%		%
18	¥ 708, 564	×	0. 28047	=		%		%
19	¥ 6, 021, 987	×	4. 183	=		%		%
20	¥ 387, 025	×	0. 50896	=		%		%
No.16～No.20 小　計 ④ =						1 0 0 %		
(小計 ③ + ④) 合　計 =								1 0 0 ％

第1回　1級 除 算 問 題 （制限時間10分）

（注意）無名数で小数第5位未満の端数が出たとき、名数で円位未満の端数が出たとき、パーセントの小数第2位未満の端数が出たときは四捨五入すること。

採	点	欄

1級

No.						%		%
1	882, 319, 480	÷	367, 480	=		%		%
2	1, 636, 335, 806	÷	91, 574	=		%		%
3	2, 947, 440, 246	÷	82, 603	=		%		%
4	829, 580, 114	÷	14, 762	=		%		%
5	3, 682, 231, 320	÷	75, 891	=		%		%
No.1～No.5 小 計 ① =						1 0 0 %		
6	5. 056975	÷	0. 6248	=		%		%
7	316. 0499565	÷	509. 36	=		%		%
8	0. 108883333	÷	2. 9317	=		%		%
9	30, 950. 27272	÷	43, 025	=		%		%
10	0. 0769013489	÷	0. 08159	=		%		%
No.6～No.10 小 計 ② =						1 0 0 %		
（小計 ① + ②） 合 計 =							1 0 0 %	
11	¥ 1, 103, 434, 868	÷	3, 569	=		%		%
12	¥ 6, 383, 867, 469	÷	78, 423	=		%		%
13	¥ 2, 563, 277, 171	÷	27, 391	=		%		%
14	¥ 5, 477, 659, 530	÷	85, 270	=		%		%
15	¥ 6, 826, 748, 432	÷	90, 184	=		%		%
No.11～No.15 小 計 ③ =						1 0 0 %		
16	¥ 10, 128	÷	0. 54016	=		%		%
17	¥ 951, 357	÷	136. 945	=		%		%
18	¥ 3, 568, 203	÷	61. 708	=		%		%
19	¥ 4, 047	÷	0. 09632	=		%		%
20	¥ 8, 728	÷	0. 42857	=		%		%
No.16～No.20 小 計 ④ =						1 0 0 %		
（小計 ③ + ④） 合 計 =							1 0 0 %	

No.	（1）	（2）	（3）	（4）	（5）
1	¥ 1,473,260	¥ 495,673,281	¥ 79,028,451	¥ 3,568,974	¥ 35,461,897
2	75,892,301	3,480,795	4,901,723	479,082	2,587,196
3	41,879	608,213	8,059,346,172	284,307,165	196,702,354
4	196,580,432	2,136,590,874	-2,039,861	56,790,231	7,809,615,432
5	2,607,398	507,819,362	-913,258,640	8,021,635,749	5,920,783
6	6,708,914,523	4,735,106	-1,708,623,459	7,923,680	-4,027,895,361
7	97,035,684	50,249	26,597,348	67,091	-68,031,472
8	3,740,915	78,923,410	1,468,952	819,046,532	9,148,520
9	625,847	3,219,046,758	9,364,815,207	9,037,814,265	230,457,169
10	319,278,465	7,264,531	675,189,320	10,472,953	81,260,943
11	5,021,369,874	80,159,627	70,813	294,150,876	1,723,589,064
12	80,156,293	621,785,409	-32,704,695	3,561,948	-542,371,608
13	243,609,751	1,042,396,875	-471,506	41,208,537	-698,145
14	5,416,082	93,508,764	8,956,374	6,752,894,310	-4,702,536
15	4,832,597,106	8,461,932	583,147,026	5,381,624	30,897
計					

No.	（6）	（7）	（8）	（9）	（10）
1	¥ 4,579,216	¥ 10,378,692	¥ 28,541	¥ 6,930,254	¥ 670,218
2	75,698,123	-4,289,310	56,379,182	4,968,015,732	85,724,396
3	516,487,902	6,128,395,407	1,487,960	713,596,028	3,126,489,075
4	38,754	7,603,845	895,604,317	-861,472	5,698,401
5	89,406,531	876,120,953	7,608,915,423	-475,609,821	417,582,639
6	6,310,279	-4,032,958,167	3,794,108	-54,390,287	75,980
7	1,327,056,498	-729,518	6,817,035,249	1,802,675,349	2,038,917,564
8	527,840	59,471,236	49,827,635	7,284,093	90,173,852
9	938,641,057	-306,145,982	5,280,374	41,385	4,861,273
10	20,165,943	1,634,098	9,031,452,867	89,723,651	149,036,528
11	4,270,836	-97,286,534	240,167,395	-9,342,086,715	5,690,342
12	3,041,759,682	-845,013,726	4,380,256	-1,372,960	8,271,409,635
13	293,814,065	-2,745,091	325,649,081	623,718,504	93,254,107
14	6,182,903,754	50,674	796,102	30,457,196	302,548,716
15	7,089,321	9,463,817,205	12,507,693	5,169,840	6,317,094
計					

採　点　欄

（注意）小数第3位未満の端数が出たときは切り捨てること。
　　　　ただし、端数処理は1題の解答について行うので
　　　　はなく、1計算ごとに行うこと。

【禁無断転載】

No.	
1	（ 73, 841, 092 ＋ 175, 340 ）÷（ 40, 123 － 18, 927 ）＝
2	（ 3, 991, 995, 650 － 405, 182, 735 ）÷（ 61, 097 － 20, 168 ）＝
3	53, 908 × 715, 620 － 479, 308 × 149, 023 ＝
4	107, 962 × 340, 735 ＋ 407, 692 × 39, 640 ＝
5	（ 31, 260. 98 ÷ 71. 62 ）÷（ 3, 408, 912. 352 ÷ 8, 625. 793 ）＝
6	4, 331, 319, 820 ÷ 92, 305 ＋ 38, 952 × 61, 963 ＝
7	704, 815 × 264, 379 ＋ 687, 394, 806 ÷ 915, 306 ＝
8	（ 4, 238. 519 ＋ 6, 145. 783 ）×（ 306. 247 － 54. 247 ）＝
9	（ 4, 630, 075, 233 － 306, 458, 921 ）÷（ 60, 219 ＋ 57, 194 ）＝
10	（ 85. 952 ÷ 0. 0953 ）×（ 520. 18 ÷ 6, 303. 99 ）＝
11	268, 054 × 387, 931 ＋ 621, 097 × 81, 392 ＝
12	（ 6, 290. 83 － 819. 06 ）×（ 41, 306. 7 － 26, 194. 8 ）＝
13	（ 2, 696, 581, 966 － 814, 302, 576 ）÷（ 82, 614 － 57, 304 ）＝
14	（ 663, 284, 921 ＋ 367, 957, 123 ）÷（ 46, 102 ＋ 58, 317 ）＝
15	（ 46, 312 × 5, 869, 306 ）÷（ 528, 619, 043 ÷ 867. 43 ）＝
16	188, 558, 055 ÷ 5, 817 － 3, 903 × 5, 842 ＝
17	4, 759, 490, 901 ÷ 1, 037 － 5, 121, 972, 431 ÷ 70, 267 ＝
18	（ 57, 423 × 6, 970, 417 ）÷（ 639, 720, 154 ÷ 978. 54 ）＝
19	3, 904, 747, 354 ÷ 6, 493 ＋ 6, 052, 327, 488 ÷ 7, 417, 068 ＝
20	（ 6, 941. 03 × 73. 986 ）÷（ 4, 972. 3 × 0. 0579 ）＝

1級

（注意）無名数で小数第5位未満の端数が出たとき、名数で円位未満の端数が出たとき、パーセントの小数第2位未満の端数が出たときは四捨五入すること。

【禁無断転載】

採　点　欄

No.					%	%
1	159,716	×	23,058	=	%	%
2	571,640	×	96,523	=	%	%
3	836,594	×	82,940	=	%	%
4	2,483,901	×	4,817	=	%	%
5	607,829	×	57,036	=	%	%
No.1～No.5 小 計 ① =					100 %	
6	9.21875	×	0.15904	=	%	%
7	0.094357	×	34.619	=	%	%
8	0.763192	×	0.02835	=	%	%
9	48.673	×	7.40281	=	%	%
10	3.20468	×	6.5172	=	%	%
No.6～No.10 小 計 ② =					100 %	
(小計 ① + ②) 合 計 =						100 %
11	¥ 394,817	×	18,304	=	%	%
12	¥ 582,049	×	79,260	=	%	%
13	¥ 401,726	×	25,193	=	%	%
14	¥ 1,076,932	×	3,587	=	%	%
15	¥ 613,578	×	86,459	=	%	%
No.11～No.15 小 計 ③ =					100 %	
16	¥ 348,295	×	6.7918	=	%	%
17	¥ 759,680	×	0.94732	=	%	%
18	¥ 825,463	×	0.02871	=	%	%
19	¥ 967,104	×	0.40625	=	%	%
20	¥ 20,351	×	51.3046	=	%	%
No.16～No.20 小 計 ④ =					100 %	
(小計 ③ + ④) 合 計 =						100 %

採　点　欄

（注意）無名数で小数第5位未満の端数が出たとき、名数で円位未満の端数が出たとき、パーセントの小数第2位未満の端数が出たときは四捨五入すること。

【禁無断転載】

1級

No.					%		%
1	4, 387, 803, 420	÷	61, 490	=	%		%
2	4, 522, 114, 128	÷	794, 608	=	%		%
3	5, 371, 132, 193	÷	85, 967	=	%		%
4	2, 309, 526, 340	÷	52, 753	=	%		%
5	382, 734, 185	÷	13, 589	=	%		%
No.1～No.5　小　計① =					100 %		
6	0. 0217933333	÷	0. 07142	=	%		%
7	5, 665. 75555	÷	38, 215	=	%		%
8	25. 85172626	÷	26. 871	=	%		%
9	7. 760491968	÷	0. 9034	=	%		%
10	0. 320309418	÷	4. 0326	=	%		%
No.6～No.10　小　計② =					100 %		
（小計①＋②）合　計 =							100 %
11	￥ 3, 308, 567, 672	÷	38, 917	=	%		%
12	￥ 3, 213, 656, 675	÷	4, 579	=	%		%
13	￥ 376, 090, 288	÷	27, 356	=	%		%
14	￥ 3, 210, 494, 352	÷	51, 038	=	%		%
15	￥ 1, 551, 707, 360	÷	16, 480	=	%		%
No.11～No.15　小　計③ =					100 %		
16	￥ 17, 271	÷	0. 63125	=	%		%
17	￥ 43, 064	÷	0. 72641	=	%		%
18	￥ 2, 735, 975	÷	89. 204	=	%		%
19	￥ 2, 326	÷	0. 04792	=	%		%
20	￥ 6, 173, 002	÷	950. 863	=	%		%
No.16～No.20　小　計④ =					100 %		
（小計③＋④）合　計 =							100 %

第2回　1級 見取算問題 （制限時間10分）

採点欄

No.	（1）	（2）	（3）	（4）	（5）
1	¥ 3,015,287	¥ 2,410,398,567	¥ 95,132	¥ 3,901,685	¥ 216,954
2	62,308,459	9,736,485	26,738,041	82,560	59,842,016
3	203,146,798	83,602	8,026,153	7,824,096,153	1,870,934,562
4	51,470	-694,578	397,150,864	-96,832,704	6,179,083
5	74,295,613	-95,027,361	1,089,243,576	-380,247,196	304,258,791
6	1,360,952	4,901,728	4,872,395	-2,053,169,748	47,530
7	4,035,872,691	38,217,940	5,701,369,428	637,910,452	7,913,460,258
8	603,287	6,970,532,814	78,405,169	8,457,231	90,381,427
9	856,791,034	1,423,756	6,981,027	49,103,865	8,506,719
10	27,469,108	45,362,180	3,894,516,270	106,258,374	106,792,835
11	4,578,629	752,940,613	526,794,831	5,271,364,098	2,678,043
12	5,782,013,946	-8,175,096	1,029,543	-2,573,419	9,587,314,206
13	391,824,075	-527,809,431	203,647,895	-715,840	35,841,672
14	1,468,235,790	-1,306,258,974	430,672	4,629,379	672,035,984
15	5,946,831	863,415,209	65,178,904	65,081,927	4,259,361
計					

No.	（6）	（7）	（8）	（9）	（10）
1	¥ 1,028,593	¥ 59,172	¥ 356,821,097	¥ 65,408,973	¥ 276,051
2	839,615	1,695,470,283	1,263,745,908	85,426	39,047,528
3	7,362,104	7,593,801	45,876,139	5,896,723,041	1,358,409
4	94,510,726	-486,295	2,674,193,850	-7,569,248	7,490,163,852
5	629,471,835	-6,807,314	7,569,241	-3,508,642,971	83,271,690
6	7,653,948	27,630,458	534,908,762	-137,854,069	60,341
7	8,016,297,453	3,806,715,942	60,375	29,137,685	514,682,793
8	407,915,286	5,924,736	8,207,413	4,069,137	7,495,082
9	38,064	79,041,829	9,027,341,856	213,980,654	1,825,706,934
10	5,698,024,371	418,250,367	18,203,564	9,781,420	906,514,283
11	49,786,502	3,182,670	391,054,628	-673,102	5,827,136
12	3,850,241,697	-9,021,568,734	2,415,980	-40,215,396	47,938,605
13	5,379,210	-830,479,516	40,176,839	321,497,508	279,051,364
14	132,650,748	-12,306,495	5,932,047	7,508,213	3,098,142,576
15	21,804,379	243,695,081	628,971	1,042,398,765	6,289,417
計					

採 点 欄

（注意）小数第3位未満の端数が出たときは切り捨てること。
ただし、端数処理は1題の解答について行うので
はなく、1計算ごとに行うこと。

【禁無断転載】

1級

No.	
1	$(2,839,359,975 - 703,291,465) ÷ (71,503 - 46,293) =$
2	$157,943 × 276,849 + 510,984 × 70,291 =$
3	$47,193 × 804,395 - 648,209 × 205,137 =$
4	$(38,120,449 + 215,479) ÷ (50,253 - 7,846) =$
5	$(49,150.78 ÷ 91.71) ÷ (2,795,031.843 ÷ 7,910.846) =$
6	$815,926 × 375,481 + 690,802,684 ÷ 826,319 =$
7	$(11,630,999,044 - 417,569,032) ÷ (71,328 + 68,205) =$
8	$(5,349.618 + 7,256.894) × (417.358 - 65.358) =$
9	$6,204,764,550 ÷ 81,294 + 49,063 × 72,074 =$
10	$(96,063 ÷ 0.0864) × (631.29 ÷ 7,414.81) =$
11	$(5,189.72 - 708.95) × (30,295.6 - 7,083.9) =$
12	$(57,423 × 6,970,417) ÷ (639,720,154 ÷ 978.54) =$
13	$(1,575,382,308 - 703,291,465) ÷ (71,523 - 46,294) =$
14	$157,943 × 276,829 + 510,987 × 70,285 =$
15	$(401,694,580 + 256,846,014) ÷ (35,091 + 47,206) =$
16	$1,961,462,568 ÷ 5,317 - 2,794,796,667 ÷ 47,359 =$
17	$3,818,369,658 ÷ 7,698 + 1,662,670,708 ÷ 6,180,932 =$
18	$(147.358 - 18.962) × (4,180.5 + 3,940.5) =$
19	$340.921 × 62,735 - 233,679,671 ÷ 8,143 =$
20	$(1,805.72 × 40.917) ÷ (1,054.8 × 0.738) =$

（注意）無名数で小数第5位未満の端数が出たとき、名数で円位未満の端数が出たとき、パーセントの小数第2位未満の端数が出たときは四捨五入すること。

【禁無断転載】

No.				%	%
1	941,387	×	36,918 =	%	%
2	8,560,243	×	9,281 =	%	%
3	235,710	×	17,403 =	%	%
4	629,175	×	40,132 =	%	%
5	713,659	×	28,590 =	%	%
No.1～No.5 小 計 ① =				100 %	
6	40.6528	×	7.3649 =	%	%
7	0.084962	×	0.64357 =	%	%
8	570.96	×	0.091875 =	%	%
9	0.172834	×	85.026 =	%	%
10	3.98401	×	5.2764 =	%	%
No.6～No.10 小 計 ② =				100 %	
（小計 ① + ②） 合 計 =					100 %
11	¥ 4,027,386	×	8,432 =	%	%
12	¥ 148,973	×	91,387 =	%	%
13	¥ 851,267	×	35,694 =	%	%
14	¥ 35,791	×	872,160 =	%	%
15	¥ 564,032	×	62,053 =	%	%
No.11～No.15 小 計 ③ =				100 %	
16	¥ 709,854	×	4.0519 =	%	%
17	¥ 276,480	×	16.875 =	%	%
18	¥ 390,625	×	0.09248 =	%	%
19	¥ 682,149	×	0.53706 =	%	%
20	¥ 913,508	×	0.74921 =	%	%
No.16～No.20 小 計 ④ =				100 %	
（小計 ③ + ④） 合 計 =					100 %

第3回　1級　除　算　問　題　(制限時間10分)

(注意) 無名数で小数第5位未満の端数が出たとき、名数で円位未満の端数が出たとき、パーセントの小数第2位未満の端数が出たときは四捨五入すること。

No.						%	%
1	1, 145, 723, 559	÷	16, 309	=		%	%
2	4, 504, 901, 672	÷	734, 056	=		%	%
3	1, 585, 762, 080	÷	81, 960	=		%	%
4	3, 798, 136, 530	÷	65, 837	=		%	%
5	2, 625, 225, 708	÷	92, 418	=		%	%
No.1～No.5 小　計 ① =					100 %		
6	24. 88257184	÷	59. 124	=		%	%
7	38, 143. 28323	÷	40, 273	=		%	%
8	0. 168508483	÷	2. 8741	=		%	%
9	0. 0276962388	÷	0. 07582	=		%	%
10	3. 007633935	÷	0. 3695	=		%	%
No.6～No.10 小　計 ② =					100 %		
(小計 ① + ②) 合　計 =						100 %	
11	¥ 8, 523, 642, 987	÷	98, 643	=		%	%
12	¥ 697, 856, 667	÷	43, 761	=		%	%
13	¥ 950, 627, 760	÷	367, 890	=		%	%
14	¥ 726, 894, 000	÷	15, 384	=		%	%
15	¥ 7, 093, 214, 128	÷	76, 258	=		%	%
No.11～No.15 小　計 ③ =					100 %		
16	¥ 6, 340, 681	÷	204. 75	=		%	%
17	¥ 489, 264	÷	0. 8029	=		%	%
18	¥ 42, 900	÷	0. 54912	=		%	%
19	¥ 1, 105	÷	0. 02136	=		%	%
20	¥ 485, 002	÷	19. 507	=		%	%
No.16～No.20 小　計 ④ =					100 %		
(小計 ③ + ④) 合　計 =						100 %	

採　点　欄

1級

採　点　欄

【禁無断転載】

No.	（1）	（2）	（3）	（4）	（5）
1	¥ 240,185,937	¥ 3,427,619,508	¥ 3,980,465,721	¥ 8,652,104,379	¥ 916,728,530
2	76,501,389	2,198,370	2,819,604	4,398,016	1,495,867
3	9,046,852	594,201,683	804,271,539	165,049,287	6,095,387,214
4	7,924,815,063	17,349	-71,048,295	623,805	284,539,671
5	415,728,906	80,624,915	-5,917,368	18,435,760	9,872,016
6	8,290,743	5,372,896	-1,049,532,786	3,849,217	72,690,154
7	57,064,132	6,019,783,254	93,684,057	90,761,523	-482,739
8	2,973,468	978,562,403	26,190	50,472	-5,167,043,892
9	1,068,439,275	63,045,129	624,750,813	7,912,684	42,516,083
10	36,597,821	159,708	7,304,652	4,730,286,159	-803,724,961
11	61,485	741,830,652	-453,976	246,150,938	-4,935,106
12	5,309,786,241	6,207,834	-345,196,208	87,203,591	-28,107,345
13	483,617,590	8,230,576,491	6,073,812	329,754,068	7,350,261,498
14	1,250,379	52,961,047	-78,351,429	6,471,935	3,486,509
15	302,614	7,438,165	2,561,789,043	9,501,867,342	53,720
計					

No.	（6）	（7）	（8）	（9）	（10）
1	¥ 375,869,024	¥ 49,128,653	¥ 4,102,795	¥ 20,936,541	¥ 98,146
2	49,513,807	1,859,234	9,521,764,803	5,147,296	3,150,467,928
3	1,504,396,278	603,245,781	689,243,170	1,279,058,364	709,251,463
4	62,140	5,874,960,312	58,072,416	4,269,815	81,673,042
5	752,041,983	-6,182,549	3,905,287	-316,972,450	136,205
6	9,603,245	-2,015,374,986	730,486,592	-5,642,890,713	2,935,784,016
7	125,437	-97,023,541	5,219,406	15,783,629	8,905,734
8	63,910,782	2,791,860	28,631	3,601,842	594,610,872
9	7,528,960	129,405,678	4,216,097,358	2,547,316,908	2,475,189
10	913,247,856	76,348,092	8,351,049	438,527,061	6,074,592,813
11	8,694,371	8,709,516,234	67,834,925	74,830	49,826,350
12	26,038,715	-380,679,425	197,563	-63,458,079	3,719,205
13	6,830,472,159	-437,053	90,378,614	-835,907	26,035,487
14	4,986,501	5,860,197	3,072,651,948	-9,201,738	861,307,529
15	2,081,754,693	31,706	841,560,237	708,149,526	7,843,691
計					

第3回　1級　複合算問題　(制限時間10分)

（注意）小数第3位未満の端数が出たときは切り捨てること。
ただし、端数処理は1題の解答について行うのではなく、1計算ごとに行うこと。

【禁無断転載】

No.	
1	$(2,744,974,686 - 814,302,576) \div (82,614 - 57,304) =$
2	$58,204 \times 915,406 - 759,318 \times 316,246 =$
3	$(26,400,989 + 326,581) \div (61,364 - 8,957) =$
4	$268,054 \times 387,931 + 621,097 \times 81,303 =$
5	$(50,261.89 \div 82.62) \div (3,804,120.743 \div 8,021.957) =$
6	$58,204 \times 798,165 - 709,125 \times 389,012 =$
7	$(4,809.2 + 20,918.7) \times (617.92 + 3,908.75) =$
8	$528.179 \times 82,159 - 576,682,360 \div 8,185 =$
9	$(19,026,301 + 326,581) \div (61,364 - 7,903) =$
10	$(50,261.83 \div 82.65) \div (3,804,120.743 \div 8,021,957) =$
11	$(7,301.94 - 920.17) \times (52,417.8 - 37,205.9) =$
12	$(2,419,792,017 - 925,413,687) \div (93,725 - 68,415) =$
13	$379,165 \times 498,042 + 732,108 \times 92,403 =$
14	$(13,172,205 + 478,068,234) \div (57,213 + 69,428) =$
15	$(471.682 - 56.012) \times (5,417.9 + 6,327.2) =$
16	$2,455,197,086 \div 6,817 - 3,730,738,737 \div 58,047 =$
17	$(259.468 - 34.848) \times (3,295.7 + 4,105.9) =$
18	$295.846 \times 59,841 - 424,622,688 \div 9,296 =$
19	$2,949,856,532 \div 4,291 + 2,524,362,716 \div 7,295,846 =$
20	$(4,729.83 \times 51.764) \div (2,750.8 \times 0.354) =$

63

第4回　1級 乗 算 問 題　（制限時間10分）

【禁無断転載】

(注意) 無名数で小数第5位未満の端数が出たとき、名数で円位未満の端数が出たとき、パーセントの小数第2位未満の端数が出たときは四捨五入すること。

No.					%	%
1	341,970	×	49,271	=	%	%
2	7,819,203	×	2,590	=	%	%
3	695,782	×	18,365	=	%	%
4	536,891	×	70,182	=	%	%
5	427,038	×	31,408	=	%	%
No.1～No.5　小　計 ① =					100 %	
6	86.3125	×	0.94816	=	%	%
7	0.15064	×	0.075934	=	%	%
8	9.52416	×	53.629	=	%	%
9	20.4657	×	62.743	=	%	%
10	0.078349	×	86.057	=	%	%
No.6～No.10　小　計 ② =					100 %	
(小計 ① + ②) 合　計 =						100 %
11	¥ 917,683	×	78,450	=	%	%
12	¥ 365,170	×	47,318	=	%	%
13	¥ 258,496	×	83,529	=	%	%
14	¥ 804,539	×	64,093	=	%	%
15	¥ 1,076,952	×	9,132	=	%	%
No.11～No.15　小　計 ③ =					100 %	
16	¥ 53,248	×	0.046875	=	%	%
17	¥ 289,017	×	0.20951	=	%	%
18	¥ 742,861	×	5.0267	=	%	%
19	¥ 631,704	×	1.2796	=	%	%
20	¥ 490,325	×	0.31684	=	%	%
No.16～No.20　小　計 ④ =					100 %	
(小計 ③ + ④) 合　計 =						100 %

第4回　1級　除算問題　(制限時間10分)

採点欄

【禁無断転載】

(注意) 無名数で小数第5位未満の端数が出たとき、名数
で円位未満の端数が出たとき、パーセントの小数
第2位未満の端数が出たときは四捨五入すること。

No.				%	%
1	$1,297,100,614$	÷	$15,046$ =	%	%
2	$3,365,217,800$	÷	$691,720$ =	%	%
3	$953,979,244$	÷	$54,839$ =	%	%
4	$7,025,144,886$	÷	$73,618$ =	%	%
5	$1,382,678,060$	÷	$42,967$ =	%	%
No.1〜No.5 小　計 ① =				100 %	
6	0.282975888	÷	8.0574 =	%	%
7	4.975333333	÷	0.9201 =	%	%
8	0.0241932103	÷	0.08153 =	%	%
9	$18,982.1555$	÷	$26,385$ =	%	%
10	255.1372222	÷	374.92 =	%	%
No.6〜No.10 小　計 ② =				100 %	
(小計 ① + ②) 合　計 =					100 %
11	¥ $1,852,981,632$	÷	$45,712$ =	%	%
12	¥ $1,589,721,328$	÷	$912,584$ =	%	%
13	¥ $3,985,926,966$	÷	$76,938$ =	%	%
14	¥ $2,296,957,780$	÷	$83,620$ =	%	%
15	¥ $1,053,324,850$	÷	$27,043$ =	%	%
No.11〜No.15 小　計 ③ =				100 %	
16	¥ $182,322$	÷	0.1875 =	%	%
17	¥ $23,937$	÷	0.68357 =	%	%
18	¥ $3,364$	÷	0.04169 =	%	%
19	¥ $272,943$	÷	3.9401 =	%	%
20	¥ $2,319,896$	÷	50.296 =	%	%
No.16〜No.20 小　計 ④ =				100 %	
(小計 ③ + ④) 合　計 =					100 %

1級

採点欄

No.	（1）	（2）	（3）	（4）	（5）
1	¥ 6,925,374	¥ 7,213,648	¥ 86,142	¥ 8,956,401,732	¥ 19,035,847
2	78,039,256	5,469,081,273	6,053,247,981	2,568,190	26,708
3	96,408	631,458,027	7,128,563	− 571,820,463	3,250,147,869
4	807,142,693	3,046,795	937,015	− 654,071	4,958,230
5	1,257,839	4,072,569,381	3,058,924	− 32,401,986	5,362,479,081
6	2,493,760,185	380,741,956	10,362,497	6,285,094	613,580,972
7	32,081,567	15,809	2,374,180,596	17,932,685	74,215,693
8	4,375,192	− 852,140	5,476,308	2,745,086,319	8,691,234
9	794,210	− 7,153,908,462	46,503,789	− 3,849,257	905,324,716
10	605,823,471	2,476,930	865,794,120	620,197,835	2,763,495
11	7,514,906,283	91,830,652	6,825,491	94,713,608	106,857
12	80,619,345	− 5,697,428	7,489,610,352	− 7,861,290,354	36,917,408
13	926,587,401	− 29,164,573	207,948,613	− 8,352,740	478,026,519
14	1,038,564	− 806,392,714	98,137,205	74,913	5,842,130
15	3,678,140,952	18,720,395	129,053,674	409,637,521	6,487,239,051
計					

No.	（6）	（7）	（8）	（9）	（10）
1	¥ 2,718,069	¥ 65,021,934	¥ 18,732	¥ 4,970,652	¥ 470,653
2	14,630,892	956,813,402	35,469,071	389,726,415	56,789,034
3	743,129,580	72,130,648	2,586,907	2,836,104,579	3,095,417,826
4	47,968	− 3,578,914	596,702,483	− 167,249,058	1,534,987
5	20,865,471	− 709,521	4,708,691,352	− 6,037,924	607,891,425
6	3,986,705	6,197,245,830	6,815,734	− 9,540,682,137	24,078
7	8,104,253,697	431,682,097	7,819,032,645	8,367,021	9,810,645,723
8	592,374	− 20,451,879	87,921,036	70,815,497	28,903,641
9	851,674,203	− 5,089,134,267	1,249,508	3,596,803	3,028,914
10	76,301,592	− 247,983,610	9,023,158,764	795,032,186	129,350,786
11	5,430,216	8,396,725	240,361,879	− 145,379	8,163,592
12	2,506,719,483	3,804,769,152	4,572,906	− 21,450,863	2,631,470,859
13	397,058,124	9,507,346	531,489,620	91,248	72,586,391
14	6,549,827,301	56,083	394,185	4,015,928,736	543,291,670
15	8,946,135	1,265,478	62,705,341	52,413,680	4,605,712
計					

採　点　欄

(注意) 小数第3位未満の端数が出たときは切り捨てること。
ただし、端数処理は1題の解答について行うので
はなく、1計算ごとに行うこと。

1級

No.	
1	$(27,151,616 + 437,692) \div (72,475 - 8,014) =$
2	$(3,312,678,197 - 925,413,687) \div (93,725 - 68,415) =$
3	$69,315 \times 809,276 - 810,236 \times 490,123 =$
4	$379,165 \times 498,042 + 732,108 \times 92,403 =$
5	$(61,372.91 \div 93.76) \div (4,915,231.854 \div 9,132,068) =$
6	$47,193 \times 687,054 - 698,041 \times 278,903 =$
7	$(42,892,067 + 437,692) \div (72,475 - 8,092) =$
8	$639.287 \times 91,045 - 540,782,714 \div 7,094 =$
9	$(5,910.3 + 31,029.6) \times (728.03 + 4,019.86) =$
10	$(61,372.94 \div 90.71) \div (4,915,231.854 \div 9,130,068) =$
11	$1,339,834,170 \div 4,982 - 4,183 \times 7,532 =$
12	$(7,094.35 - 819.23) \times (28,904.8 - 11,784.6) =$
13	$(80,142.7 + 11,157.2) \times (308.57 + 2,914.08) =$
14	$(326,501,252,816 + 192,180,537,184) \div (24,196 + 30,804) =$
15	$(16,908 \times 5,180,342) \div (304,908,735 \div 826.35) =$
16	$306.957 \times 60,937 - 485,435,980 \div 8,185 =$
17	$3,797,218,664 \div 7,928 - 5,523,303,670 \div 69,158 =$
18	$(360.579 - 45.959) \times (4,306.8 + 5,216.1) =$
19	$3,821,666,706 \div 5,382 + 4,178,399,371 \div 8,306,957 =$
20	$(5,830.94 \times 62,877) \div (3,861.9 \times 0.465) =$

（注意）無名数で小数第5位未満の端数が出たとき、名数で円位未満の端数が出たとき、パーセントの小数第2位未満の端数が出たときは四捨五入すること。

【禁無断転載】

採点欄

No.				%		%
1	803, 152	×	54, 728 =		%	%
2	1, 425, 706	×	6, 152 =		%	%
3	617, 489	×	94, 031 =		%	%
4	532, 640	×	47, 893 =		%	%
5	274, 318	×	13, 640 =		%	%
No.1～No.5 小　計 ① =				1 0 0 %		
6	96. 521	×	36. 2507 =		%	%
7	0. 068293	×	78. 516 =		%	%
8	0. 459067	×	0. 09325 =		%	%
9	7. 18934	×	28. 079 =		%	%
10	39. 6875	×	0. 81904 =		%	%
No.6～No.10 小　計 ② =				1 0 0 %		
（小計 ① + ②） 合　計 =						1 0 0 %
11	¥ 475, 906	×	68, 719 =		%	%
12	¥ 689, 214	×	57, 263 =		%	%
13	¥ 104, 835	×	91, 572 =		%	%
14	¥ 896, 427	×	45, 801 =		%	%
15	¥ 561, 348	×	26, 930 =		%	%
No.11～No.15 小　計 ③ =				1 0 0 %		
16	¥ 9, 038, 672	×	0. 3125 =		%	%
17	¥ 327, 589	×	8. 4096 =		%	%
18	¥ 413, 750	×	19. 648 =		%	%
19	¥ 72, 091	×	0. 023457 =		%	%
20	¥ 250, 163	×	0. 70384 =		%	%
No.16～No.20 小　計 ④ =				1 0 0 %		
（小計 ③ + ④） 合　計 =						1 0 0 %

68

第5回　1級　除算問題　(制限時間10分)

(注意) 無名数で小数第5位未満の端数が出たとき、名数で円位未満の端数が出たとき、パーセントの小数第2位未満の端数が出たときは四捨五入すること。

採 点 欄

No.						
1	7,221,987,864	÷	791,364	=	%	%
2	359,345,645	÷	26,405	=	%	%
3	3,415,645,314	÷	62,813	=	%	%
4	3,734,611,010	÷	54,730	=	%	%
5	556,413,390	÷	13,089	=	%	%
No.1〜No.5　小　計① =					100 %	
6	7.614237607	÷	0.9628	=	%	%
7	15,556.27777	÷	40,957	=	%	%
8	0.0649242424	÷	0.07541	=	%	%
9	0.149391688	÷	8.5172	=	%	%
10	97.5044444	÷	382.96	=	%	%
No.6〜No.10　小　計② =					100 %	
(小計①+②) 合　計 =						100 %
11	¥ 2,991,312,109	÷	694,201	=	%	%
12	¥ 1,234,070,550	÷	23,850	=	%	%
13	¥ 279,824,997	÷	10,587	=	%	%
14	¥ 3,900,045,492	÷	58,194	=	%	%
15	¥ 639,118,893	÷	47,039	=	%	%
No.11〜No.15　小　計③ =					100 %	
16	¥ 58,908,400	÷	657.28	=	%	%
17	¥ 74,880	÷	0.82946	=	%	%
18	¥ 701,430	÷	0.9375	=	%	%
19	¥ 2,730	÷	0.07613	=	%	%
20	¥ 659,255	÷	31.462	=	%	%
No.16〜No.20　小　計④ =					100 %	
(小計③+④) 合　計 =						100 %

1級

69

第5回　1級　見取算問題　（制限時間10分）

採　点　欄

No.	（1）	（2）	（3）	（4）	（5）
1	¥ 802,179	¥ 423,695,701	¥ 56,471,092	¥ 6,830,412	¥ 75,480,963
2	295,038,461	64,721,589	4,690,175	54,961,328	6,793,241
3	9,321,857	701,963,825	6,095,784,321	75,684	497,508,326
4	724,630,518	8,530,974	− 7,902,483	8,729,541	6,508,974,312
5	3,124,605	3,870,419,562	− 901,523,648	739,264,150	5,629,174
6	6,385,217,049	57,802,413	− 1,628,039,754	60,381,279	− 2,816,037,495
7	71,523	140,738	87,415,360	4,023,761	− 49,851,607
8	50,794,386	6,971,205	2,854,169	379,106,542	3,210,748
9	9,062,453,718	2,145,609,873	3,819,240,576	1,082,437,956	720,146,539
10	46,987,052	938,257,046	730,196,284	3,540,819	81,675,290
11	2,649,107	7,386,952	30,897	8,527,613,490	1,032,469,758
12	13,408,796	5,089,264,317	− 12,589,603	941,852,073	− 943,580,261
13	8,107,263,945	36,140	− 407,532	2,615,394,807	− 106,873
14	1,596,834	1,082,694	5,368,721	90,278,635	− 2,394,185
15	478,365,290	96,328,451	243,679,815	596,708	38,502
計					

No.	（6）	（7）	（8）	（9）	（10）
1	¥ 92,571,863	¥ 9,014,857,263	¥ 432,609,758	¥ 702,364,851	¥ 57,249,638
2	3,854,027	− 139,082	54,601	9,857,123	1,285,397,406
3	68,025,319	− 295,063,471	854,317,290	1,458,673,092	2,135,870
4	7,345,280,961	− 56,901,847	9,275,416	3,589,674	796,801,352
5	82,493,106	7,401,689,235	5,701,864,392	− 275,896,013	926,743
6	647,015	3,572,164	75,320,849	− 4,701,356	314,052,697
7	5,934,627	65,798	138,724	50,234	8,763,104
8	8,176,302,459	723,490,516	2,493,061	64,923,501	60,825,719
9	209,618,734	8,723,641	3,140,976,285	2,689,034,715	8,035,674,291
10	1,457,890	10,832,579	697,832,154	7,419,862	9,413,528
11	26,573	239,418,650	8,765,029	86,125,490	41,796,085
12	516,309,248	6,940,853	9,280,146,537	197,058,346	7,904,138,562
13	4,761,980	38,067,942	16,582,903	− 8,012,346,597	60,245
14	920,145,738	− 4,872,159,306	3,091,876	− 30,812,769	873,509,461
15	4,037,518,692	− 5,284,017	64,703,185	− 907,248	1,482,930
計					

採　点　欄

（注意）小数第3位未満の端数が出たときは切り捨てること。
ただし、端数処理は1題の解答について行うので
はなく、1計算ごとに行うこと。

No.	
1	$482,093 \times 187,062 + 18,505,408 \div 289,147 =$
2	$(4,514,302,426 - 652,184,793) \div (50,948 + 16,793) =$
3	$(21,913.67 + 45,362.09) \times (2,049.6 - 186.4) =$
4	$1,036,577,256 \div 38,972 + 18,235 \times 602,941 =$
5	$(36.492 \div 0.0548) \times (692.41 \div 7,092.82) =$
6	$69,315 \times 809,276 - 810,236 \times 493,201 =$
7	$(43,847,015 + 437,692) \div (72,475 - 8,014) =$
8	$(47.503 \div 0.0659) \times (703.52 \div 8,103.93) =$
9	$639.281 \times 93,264 - 838,815,264 \div 9,296 =$
10	$(61,372.94 \div 93.76) \div (6,915,231.854 \div 9,132,086) =$
11	$(5,108.72 - 920.17) \times (31,295.6 - 15,083.7) =$
12	$(59,195,800,415 + 153,256,846,012) \div (35,091 + 47,208) =$
13	$(7,926.83 + 3,504.97) \times (207.81 + 4,021.13) =$
14	$1,883,656,566 \div 5,274 - 5,647 \times 9,103 =$
15	$(35,201 \times 4,758,295) \div (417,508,932 \div 756.39) =$
16	$6,177,352,497 \div 8,039 - 4,084,245,087 \div 70,269 =$
17	$4,843,102,728 \div 6,493 + 3,663,239,452 \div 9,417,068 =$
18	$(471.682 - 56.012) \times (5,417.9 + 6,327.2) =$
19	$417.068 \times 71,048 - 453,300,848 \div 9,296 =$
20	$(6,941.05 \times 73,986) \div (4,972.3 \times 0.579) =$

1級

第6回　1級 乗 算 問 題　(制限時間10分)

【禁無断転載】

(注意) 無名数で小数第5位未満の端数が出たとき、名数で円位未満の端数が出たとき、パーセントの小数第2位未満の端数が出たときは四捨五入すること。

No.				%	%
1	6,951,407	×	7,428 =	%	%
2	487,360	×	92,564 =	%	%
3	302,615	×	81,346 =	%	%
4	248,036	×	59,670 =	%	%
5	539,728	×	64,187 =	%	%
No.1～No.5　小　計① =				100 %	
6	0.750289	×	0.04913 =	%	%
7	816.953	×	2.0791 =	%	%
8	0.025841	×	35.902 =	%	%
9	93.172	×	17.6239 =	%	%
10	1.58304	×	0.46875 =	%	%
No.6～No.10　小　計② =				100 %	
(小計①+②) 合　計 =					100 %
11	¥ 285,193	×	61,780 =	%	%
12	¥ 172,869	×	27,905 =	%	%
13	¥ 9,013,276	×	5,862 =	%	%
14	¥ 501,947	×	16,093 =	%	%
15	¥ 324,508	×	75,314 =	%	%
No.11～No.15　小　計③ =				100 %	
16	¥ 890,625	×	0.48576 =	%	%
17	¥ 468,750	×	39.148 =	%	%
18	¥ 639,481	×	0.80239 =	%	%
19	¥ 47,312	×	9.24651 =	%	%
20	¥ 756,034	×	0.03427 =	%	%
No.16～No.20　小　計④ =				100 %	
(小計③+④) 合　計 =					100 %

72

採 点 欄

（注意）無名数で小数第5位未満の端数が出たとき、名数で円位未満の端数が出たとき、パーセントの小数第2位未満の端数が出たときは四捨五入すること。

【禁無断転載】

1級

No.					%	%
1	4,646,257,914	÷	781,409	=	%	%
2	4,092,976,992	÷	59,748	=	%	%
3	421,697,330	÷	23,651	=	%	%
4	578,572,106	÷	14,567	=	%	%
5	5,974,347,490	÷	62,870	=	%	%
No.1〜No.5 小　計 ① =					100 %	
6	0.146792796	÷	4.6235	=	%	%
7	37,504.44444	÷	80,913	=	%	%
8	75.19766969	÷	350.26	=	%	%
9	6.946796904	÷	0.9384	=	%	%
10	0.0594728096	÷	0.07192	=	%	%
No.6〜No.10 小　計 ② =					100 %	
（小計 ① + ②）合　計 =						100 %
11	¥ 507,826,389	÷	2,469	=	%	%
12	¥ 3,630,479,840	÷	69,280	=	%	%
13	¥ 2,348,539,802	÷	50,638	=	%	%
14	¥ 3,225,644,394	÷	47,301	=	%	%
15	¥ 377,635,932	÷	35,142	=	%	%
No.11〜No.15 小　計 ③ =					100 %	
16	¥ 6,111,672	÷	81.527	=	%	%
17	¥ 24,405	÷	0.78096	=	%	%
18	¥ 15,667	÷	0.16753	=	%	%
19	¥ 235	÷	0.023914	=	%	%
20	¥ 82,571,540	÷	948.75	=	%	%
No.16〜No.20 小　計 ④ =					100 %	
（小計 ③ + ④）合　計 =						100 %

第6回　1級　見取算問題　（制限時間10分）

採　点　欄

【禁無断転載】

No.	（1）	（2）	（3）	（4）	（5）
1	¥ 3,708,965	¥ 9,075,286,314	¥ 5,213,648	¥ 76,185	¥ 6,410,358,792
2	6,120,357,849	7,863,501	17,396,204	4,716,028,359	364,597,128
3	4,836,127	- 69,405,873	51,869	327,950,684	7,431,289
4	280,791	- 306,914,725	20,938,157	8,239,057	578,196,024
5	73,695,418	- 5,817,490,632	5,862,147,903	- 90,347,216	6,043,195
6	14,603	4,871,056	4,572,310	- 1,463,798	1,089,725,346
7	8,159,724	38,520,964	89,714,536	6,839,172,540	25,930,687
8	5,086,713,942	420,395,176	937,860,254	28,594,031	512,870
9	365,427,081	2,786,345	3,408,621,795	540,681,972	1,267,453
10	42,506,879	51,298	809,437	6,705,124	42,786,039
11	734,691,250	2,941,063,587	6,251,493,870	31,826,905	8,354,601
12	59,042,316	- 182,409	140,975,628	5,917,463	9,857,023,416
13	917,824,035	- 6,301,927	6,750,412	- 438,026	32,801,964
14	8,201,973,564	83,294,710	793,582,061	- 152,049,387	903,684,257
15	9,562,308	132,758,649	4,029,386	- 2,903,154,678	79,501
計					

No.	（6）	（7）	（8）	（9）	（10）
1	¥ 568,904,123	¥ 36,820	¥ 8,630,154,927	¥ 79,284,360	¥ 2,387,094
2	9,721,483,506	6,829,057	32,690	4,971,635	726,049,581
3	72,536,914	9,284,601,573	105,283,476	- 28,537,910	94,123,670
4	5,910,267	- 492,316	925,384	- 9,086,153,472	8,069,215,743
5	4,650,182,379	- 29,653,170	54,638,710	- 8,702,519	354,901
6	296,071,485	7,540,891	6,342,091	45,698	8,765,129
7	9,345,802	50,387,649	2,719,806,543	5,093,462	635,912,840
8	1,035,629,748	7,593,460,218	4,067,235	1,852,476,093	4,396,217
9	67,031	5,172,409	567,429,018	639,205,741	3,481,672,095
10	3,054,896	10,246,738	79,380,152	2,349,108	10,264,859
11	238,475	461,903,285	3,028,174,569	- 167,824	257,908,613
12	8,197,640	- 2,817,534	892,713,406	- 301,598,726	9,501,843,267
13	47,305,128	- 873,954,162	1,549,278	67,814,053	45,781,306
14	803,769,251	- 6,148,025,793	43,697,185	540,621,387	50,738
15	14,296,387	305,761,984	6,701,859	3,917,480,256	7,538,462
計					

74

第6回　1級 複合算問題 （制限時間10分）

採	点	欄

【禁無断転載】

(注意) 小数第3位未満の端数が出たときは切り捨てること。
ただし、端数処理は1題の解答について行うので
はなく、1計算ごとに行うこと。

No.	
1	$593,104 \times 298,173 + 304,401,240 \div 390,258 =$
2	$(32,824.78 + 56,473.18) \times (3,130.5 - 297.3) =$
3	$4,727,187,434 \div 49,081 + 29,346 \times 713,052 =$
4	$(27.581 \div 0.0659) \times (703.52 \div 8,183.97) =$
5	$(5,084,081,453 - 763,295,804) \div (61,059 + 27,804) =$
6	$708,923 \times 146,182 + 302,001,198 \div 708,923 =$
7	$(26,908.73 + 48,157.29) \times (361.457 - 70.807) =$
8	$5,624,314,368 \div 70,912 + 18,926 \times 30,427 =$
9	$(7,891,632,344 - 180,937,268) \div (47,026 + 38,192) =$
10	$(53.917 \div 0.0735) \times (302.87 \div 6,180.65) =$
11	$(6,219.83 - 819.06) \times (42,306.7 - 26,194.8) =$
12	$(8,037.94 + 4,615.08) \times (318.92 + 5,132.28) =$
13	$1,835,425,715 \div 6,385 - 6,758 \times 8,092 =$
14	$(7,914,194,492 + 367,957,123) \div (46,102 + 58,319) =$
15	$(46,312 \times 5,869,306) \div (528,619,043 \div 867.43) =$
16	$4,438,765,116 \div 9,148 - 5,324,725,296 \div 81,378 =$
17	$(360.571 - 45.901) \times (4,306.8 + 5,216.1) =$
18	$1,007,253,416 \div 4,706 - 2,892 \times 4,731 =$
19	$3,662,036,586 \div 5,382 + 3,331,890,606 \div 9,306,957 =$
20	$(5,830.94 \times 62.875) \div (3,861.2 \times 0.0468) =$

1級

75

採　点　欄

【禁無断転載】

（注意）無名数で小数第5位未満の端数が出たとき、名数で円位未満の端数が出たとき、パーセントの小数第2位未満の端数が出たときは四捨五入すること。

No.						%		%
1	519,230	×	42,671	=		%		%
2	249,368	×	56,704	=		%		%
3	463,197	×	20,876	=		%		%
4	320,854	×	18,537	=		%		%
5	176,943	×	69,580	=		%		%
No.1～No.5 小　計 ① =						100 %		
6	0.830752	×	0.05923	=		%		%
7	9.78125	×	0.70368	=		%		%
8	7.06421	×	9.1842	=		%		%
9	615.29	×	3.74095	=		%		%
10	0.0853416	×	8.419	=		%		%
No.6～No.10 小　計 ② =						100 %		
（小計 ① + ②）合　計 =								100 %
11	¥ 286,401	×	65,279	=		%		%
12	¥ 657,082	×	27,314	=		%		%
13	¥ 701,594	×	14,905	=		%		%
14	¥ 45,817	×	896,021	=		%		%
15	¥ 514,369	×	73,890	=		%		%
No.11～No.15 小　計 ③ =						100 %		
16	¥ 390,625	×	0.97152	=		%		%
17	¥ 479,238	×	0.52783	=		%		%
18	¥ 862,173	×	4.8536	=		%		%
19	¥ 1,023,946	×	0.0647	=		%		%
20	¥ 938,750	×	31.468	=		%		%
No.16～No.20 小　計 ④ =						100 %		
（小計 ③ + ④）合　計 =								100 %

採　点　欄

（注意）無名数で小数第5位未満の端数が出たとき、名数
　　　　で円位未満の端数が出たとき、パーセントの小数
　　　　第2位未満の端数が出たときは四捨五入すること。

【禁無断転載】

No.				%	%
1	3, 745, 842, 660	÷	54, 180 =	%	%
2	848, 195, 472	÷	306, 429 =	%	%
3	3, 627, 951, 782	÷	47, 518 =	%	%
4	739, 098, 360	÷	15, 236 =	%	%
5	1, 185, 961, 282	÷	68, 057 =	%	%
No.1～No.5　小　計 ① =				100 %	
6	8. 064126656	÷	0. 9764 =	%	%
7	0. 037370737	÷	0. 03972 =	%	%
8	15, 280. 99153	÷	29, 803 =	%	%
9	25. 52909	÷	82. 641 =	%	%
10	0. 260655392	÷	7. 1395 =	%	%
No.6～No.10　小　計 ② =				100 %	
（小計 ① + ②）合　計 =					100 %
11	¥ 4, 321, 269, 708	÷	68, 394 =	%	%
12	¥ 768, 075, 132	÷	7, 019 =	%	%
13	¥ 3, 977, 917, 180	÷	53, 180 =	%	%
14	¥ 265, 484, 988	÷	10, 467 =	%	%
15	¥ 1, 776, 261, 176	÷	49, 208 =	%	%
No.11～No.15　小　計 ③ =				100 %	
16	¥ 781, 392	÷	8. 5632 =	%	%
17	¥ 220	÷	0. 074951 =	%	%
18	¥ 18, 866	÷	0. 32746 =	%	%
19	¥ 10, 626	÷	0. 21875 =	%	%
20	¥ 7, 794, 136	÷	96. 523 =	%	%
No.16～No.20　小　計 ④ =				100 %	
（小計 ③ + ④）合　計 =					100 %

1級

第7回　1級　見取算問題 （制限時間10分）

No.	（1）	（2）	（3）	（4）	（5）
1	¥ 263,748,905	¥ 412,789	¥ 71,548,329	¥ 93,085	¥ 5,617,432,098
2	9,526,714	925,608,431	295,364,701	7,102,659,834	6,351,784
3	47,902,186	3,841,056	1,753,826	8,126,703	41,586,937
4	1,705,869,423	107,253,694	9,520,187,634	621,793,458	-3,802,761
5	82,613,079	5,619,378,042	35,078,946	4,530,691	-27,690,538
6	350,469,218	2,967,305	649,201,735	275,048,316	364,127,809
7	7,982,605	61,735,820	-4,179,068	53,207,841	7,083,469,125
8	30,591	3,084,596,271	-1,408,623,957	9,152,760	9,573,210
9	78,354,120	6,407,518	-806,213	4,360,985,127	158,209,643
10	9,014,875,362	21,907	54,391	86,014,259	72,048,315
11	1,396,854	4,732,698	2,791,804	2,147,693	-920,457
12	536,071,482	7,358,019,264	-67,932,580	17,504,928	-8,290,341,576
13	8,147,536	42,685,139	-386,015,492	5,890,361,472	-409,715,862
14	293,047	893,170,425	7,820,645	734,926,580	5,936,284
15	6,421,058,739	70,594,863	8,053,496,172	879,364	14,906
計					

No.	（6）	（7）	（8）	（9）	（10）
1	¥ 54,879,602	¥ 903,245,671	¥ 34,019	¥ 49,385,107	¥ 130,865
2	7,493,128	8,417,365	96,713,504	5,078,326	671,523,049
3	9,402,615,873	59,162,807	5,360,291	-216,409,783	81,234
4	52,061	1,420,589	6,314,857,920	-7,608,123,954	10,459,786
5	863,204,957	-236,719,854	9,042,857	-3,942,810	9,816,472
6	45,369,201	-95,032,748	728,931,603	830,469,571	5,863,241,907
7	2,016,948,753	7,514,698,023	425,168	4,978,510,632	4,367,590
8	8,517,632	-3,701,296	5,128,647	67,459	930,725,168
9	75,396,418	-40,956,318	461,907,285	1,382,746	26,874,395
10	190,723,546	1,072,584,936	50,719,438	597,231,068	4,058,932,617
11	3,726,145,890	38,712	7,298,356	-86,754,321	5,068,924
12	1,730,485	-6,107,249	284,673,091	-918,205	87,196,203
13	208,719	-854,630	1,573,486,920	1,324,876,590	3,104,689,752
14	683,572,094	-4,860,273,195	36,850,472	3,025,649	2,370,541
15	9,081,346	382,769,450	8,902,546,713	52,690,174	749,502,318
計					

第7回　1級 複合算問題 （制限時間10分）

（注意）小数第3位未満の端数が出たときは切り捨てること。
ただし、端数処理は1題の解答について行うのでなく、1計算ごとに行うこと。

採　点　欄

1級

No.	
1	$371,982 \times 298,173 + 16,203,096 \div 178,056 =$
2	$(7,898,372,663 - 763,295,804) \div (61,059 + 27,804) =$
3	$(35,207.91 + 48,021.37) \times (6,109.7 - 287.3) =$
4	$1,863,257,544 \div 59,106 + 29,346 \times 713,052 =$
5	$(5,910.3 + 31,029.8) \times (728.03 + 4,019.86) =$
6	$693,704 \times 153,268 + 677,216,390 \div 804,295 =$
7	$(1,322,432,734 - 295,347,810) \div (59,108 + 46,083) =$
8	$(3,127.408 + 5,034.672) \times (295.136 - 43.061) =$
9	$3,382,074,282 \div 81,294 + 27,841 \times 50,859 =$
10	$(74.841 \div 0.0849) \times (419.07 \div 7,294.85) =$
11	$(7,301.94 - 920.17) \times (52,417.8 - 37,205.9) =$
12	$(4,315,165,975 + 478,069,234) \div (57,213 + 69,428) =$
13	$(9,148.05 + 5,726.19) \times (429.03 + 6,243.67) =$
14	$2,883,523,800 \div 7,496 - 7,869 \times 9,103 =$
15	$(57,423 \times 6,970,417) \div (639,720,154 \div 978.54) =$
16	$3,942,708,000 \div 8,032 - 5,208,689,625 \div 70,269 =$
17	$4,064,937,063 \div 4,271 + 2,140,328,268 \div 8,295,846 =$
18	$(259.462 - 34.892) \times (5,417.9 + 6,327.2) =$
19	$614,797,632 \div 5,897 - 3,903 \times 5,842 =$
20	$(6,941.82 \times 51.764) \div (2,750.3 \times 0.0397) =$

79

第8回　1級乗算問題　（制限時間10分）

（注意）無名数で小数第5位未満の端数が出たとき、名数
で円位未満の端数が出たとき、パーセントの小数
第2位未満の端数が出たときは四捨五入すること。

【禁無断転載】

No.						%		%
1	175, 206	×	46, 159	=		%		%
2	5, 369, 740	×	6, 018	=		%		%
3	649, 531	×	81, 470	=		%		%
4	265, 089	×	37, 081	=		%		%
5	814, 367	×	95, 607	=		%		%
No.1～No.5 小　計 ① =						1 0 0 %		
6	0. 430698	×	0. 07283	=		%		%
7	0. 092875	×	279. 36	=		%		%
8	9. 13824	×	0. 78125	=		%		%
9	38. 042	×	59. 2364	=		%		%
10	75. 1423	×	19. 542	=		%		%
No.6～No.10 小　計 ② =						1 0 0 %		
(小計 ① + ②) 合　計 =								1 0 0 %
11	¥ 864, 591	×	30, 954	=		%		%
12	¥ 738, 450	×	91, 706	=		%		%
13	¥ 285, 309	×	15, 790	=		%		%
14	¥ 164, 923	×	54, 283	=		%		%
15	¥ 317, 654	×	49, 058	=		%		%
No.11～No.15 小　計 ③ =						1 0 0 %		
16	¥ 210, 375	×	6. 7312	=		%		%
17	¥ 570, 816	×	0. 78125	=		%		%
18	¥ 4, 092, 768	×	0. 2867	=		%		%
19	¥ 941, 237	×	0. 06439	=		%		%
20	¥ 60, 982	×	83. 6241	=		%		%
No.16～No.20 小　計 ④ =						1 0 0 %		
(小計 ③ + ④) 合　計 =								1 0 0 %

採　点　欄

（注意）無名数で小数第5位未満の端数が出たとき、名数
で円位未満の端数が出たとき、パーセントの小数
第2位未満の端数が出たときは四捨五入すること。

【禁無断転載】

No.						
1	634, 618, 720	÷	12, 904	=	%	%
2	5, 834, 108, 928	÷	684, 032	=	%	%
3	3, 405, 195, 895	÷	36, 745	=	%	%
4	3, 032, 357, 200	÷	49, 520	=	%	%
5	1, 108, 268, 622	÷	54, 279	=	%	%
No.1～No.5　小　　計 ① =					1 0 0 %	
6	6. 297141414	÷	0. 8567	=	%	%
7	0. 923363172	÷	2. 3196	=	%	%
8	1. 40533435	÷	9. 7851	=	%	%
9	6, 143. 54751	÷	70, 183	=	%	%
10	0. 0206128314	÷	0. 03618	=	%	%
No.6～No.10　小　　計 ② =					1 0 0 %	
（小計 ① + ②）合　　計 =						1 0 0 %
11	¥ 4, 467, 324, 960	÷	86, 940	=	%	%
12	¥ 545, 003, 384	÷	31, 879	=	%	%
13	¥ 543, 775, 455	÷	28, 935	=	%	%
14	¥ 1, 046, 512, 984	÷	137, 482	=	%	%
15	¥ 3, 282, 553, 848	÷	92, 568	=	%	%
No.11～No.15　小　　計 ③ =					1 0 0 %	
16	¥ 4, 841, 108	÷	75. 023	=	%	%
17	¥ 27, 261	÷	0. 67104	=	%	%
18	¥ 3, 864	÷	0. 04651	=	%	%
19	¥ 400, 750	÷	0. 4317	=	%	%
20	¥ 14, 812, 073	÷	502. 96	=	%	%
No.16～No.20　小　　計 ④ =					1 0 0 %	
（小計 ③ + ④）合　　計 =						1 0 0 %

1級

第8回　1級 見取算問題　（制限時間10分）

採 点 欄

【禁無断転載】

No.	（1）	（2）	（3）	（4）	（5）
1	¥　25, 371, 098	¥ 1, 839, 450, 267	¥　523, 804, 716	¥ 7, 031, 824, 659	¥　92, 874, 136
2	3, 078, 296, 514	258, 613, 409	61, 097	47, 203, 986	532, 609
3	169, 548, 307	7, 945, 812	9, 046, 278, 531	8, 495, 107	1, 465, 078
4	4, 037, 182	41, 329, 056	1, 346, 982	- 362, 795	857, 901, 624
5	985, 426	6, 084, 721	89, 520, 413	- 609, 251, 843	1, 940, 627, 583
6	52, 460, 973	51, 938	762, 419, 308	- 5, 128, 463, 709	2, 356, 147
7	8, 709, 123, 654	903, 726, 845	- 5, 087, 462	6, 379, 581	718, 042, 359
8	7, 654, 089	7, 415, 692, 380	- 38, 651, 294	14, 620	35, 789, 102
9	410, 398, 265	2, 830, 714	- 4, 170, 928, 635	75, 980, 356	8, 250, 391
10	67, 312	80, 174, 693	135, 720	860, 135, 274	5, 209, 318, 467
11	3, 142, 897	965, 072	7, 594, 083	4, 219, 576, 038	64, 723, 915
12	245, 931, 760	64, 207, 935	- 604, 312, 579	354, 601, 927	96, 480
13	6, 538, 709, 241	378, 512, 609	- 92, 670, 845	- 2, 198, 430	6, 371, 480, 295
14	96, 214, 508	1, 463, 587	2, 351, 486, 907	- 93, 852, 174	2, 037, 864
15	1, 860, 735	5, 023, 798, 146	8, 793, 156	1, 047, 862	486, 519, 073
計					

No.	（6）	（7）	（8）	（9）	（10）
1	¥　318, 450, 729	¥　38, 560, 179	¥　475, 823	¥ 5, 013, 246, 789	¥　231, 697, 450
2	47, 126, 803	6, 901, 437, 825	346, 290, 157	9, 513, 804	70, 851, 369
3	7, 082, 634, 951	7, 894, 516	85, 164, 290	304, 682, 597	6, 149, 328, 075
4	85, 693	184, 576, 032	9, 260, 453, 781	8, 137, 045	419, 582
5	3, 970, 145	- 913, 840	1, 396, 045	25, 946, 310	5, 286, 704
6	2, 901, 547, 368	- 478, 305, 269	34, 281, 579	71, 268	97, 130, 826
7	9, 761, 540	- 5, 629, 071	4, 875, 902, 316	46, 320, 597	8, 756, 092, 431
8	634, 502, 718	29, 186, 430	2, 319, 608	6, 570, 894, 132	2, 415, 690
9	76, 184, 932	8, 364, 091, 752	501, 687, 432	1, 465, 829	368, 579, 024
10	5, 293, 014	32, 947	9, 520, 167	789, 023, 456	7, 642, 138
11	63, 475, 280	1, 245, 603	18, 734	2, 718, 903	14, 235, 907
12	5, 420, 819, 367	756, 903, 281	8, 736, 905	35, 604, 712	67, 348
13	267, 809	- 2, 857, 194	7, 193, 045, 826	867, 952, 341	4, 029, 758, 613
14	158, 092, 476	- 5, 290, 714, 368	26, 873, 049	9, 458, 231, 670	8, 103, 295
15	9, 318, 652	43, 628, 507	657, 124, 980	179, 086	503, 984, 761
計					

採 点 欄

（注意）小数第3位未満の端数が出たときは切り捨てること。
　　　　ただし、端数処理は1題の解答について行うので
　　　　はなく、1計算ごとに行うこと。

【禁無断転載】

1級

No.	
1	$328,673 \times 8,422 + 64,235 \times 6,425 =$
2	$(92,184 + 3,654) \times (6,391 + 53,384) =$
3	$(59,151,996 + 9,243,995) \div (7,052 + 825) =$
4	$(2,324,329,225 \div 623,981) \times (5,753,664 \div 2,854) =$
5	$(589,284 \times 0.0659) \div (3,394 \div 0.743) =$
6	$262,230 \times 87.3 + 743,637,720 \div 4,872 =$
7	$643,784 \times 86,544 - 329,946,316 \div 854 =$
8	$(842,634 + 156,794) \times (73,824 - 38,965) =$
9	$(26,050,609 + 2,845,391) \div (93,451 - 48,651) =$
10	$(88,253 \div 0.0931) \div (0.01354 \times 0.6533) =$
11	$(2,853,522 \times 11,802) \div (67,941 \times 281) =$
12	$28,452,251 \div 3,637 + 20,953,425 \div 7,365 =$
13	$271,025,690 \div 4,654 - 52,068,282 \div 5,394 =$
14	$(936,825 - 726,411) \times (67,415 - 51,322) =$
15	$(7,548 \div 0.0754) \div (34.358263 \div 0.5974) =$
16	$(37,648,183 - 4,835,779) \div (68,926 - 23,605) =$
17	$543,829 \times 824,305 - 74,399 \times 43,664 =$
18	$(60,825 - 48,035) \times (28,362 + 73,945) =$
19	$(317,177,035 - 6,784,399) \div (9,235 + 4,082) =$
20	$74,394 \div 0.8534 - 174,079.64 \times 0.242 =$

第9回　1級乗算問題　（制限時間10分）

（注意）無名数で小数第5位未満の端数が出たとき、名数で円位未満の端数が出たとき、パーセントの小数第2位未満の端数が出たときは四捨五入すること。

【禁無断転載】

No.				%	%
1	361,570	×	90,481 =	%	%
2	7,204,869	×	7,850 =	%	%
3	68,417	×	513,042 =	%	%
4	893,104	×	16,895 =	%	%
5	946,052	×	32,149 =	%	%
No.1～No.5　小　計 ① =				1 0 0 %	
6	53.8641	×	69.327 =	%	%
7	0.057926	×	275.38 =	%	%
8	127.698	×	45.273 =	%	%
9	4.03125	×	0.87936 =	%	%
10	0.275903	×	0.08614 =	%	%
No.6～No.10　小　計 ② =				1 0 0 %	
（小計 ① + ②）合　計 =					1 0 0 %
11	¥ 208,467	×	69,783 =	%	%
12	¥ 517,309	×	93,421 =	%	%
13	¥ 67,390	×	721,059 =	%	%
14	¥ 253,684	×	35,190 =	%	%
15	¥ 875,641	×	57,604 =	%	%
No.11～No.15　小　計 ③ =				1 0 0 %	
16	¥ 193,025	×	24.368 =	%	%
17	¥ 9,752,813	×	0.0816 =	%	%
18	¥ 314,954	×	0.10352 =	%	%
19	¥ 480,216	×	8.2497 =	%	%
20	¥ 769,408	×	0.46875 =	%	%
No.16～No.20　小　計 ④ =				1 0 0 %	
（小計 ③ + ④）合　計 =					1 0 0 %

第9回　1級　除算問題　(制限時間10分)

（注意）無名数で小数第5位未満の端数が出たとき、名数で円位未満の端数が出たとき、パーセントの小数第2位未満の端数が出たときは四捨五入すること。

【禁無断転載】

No.					%	%
1	4, 203, 978, 160	÷	53, 104	=	%	%
2	3, 564, 196, 660	÷	62, 740	=	%	%
3	3, 613, 850, 532	÷	790, 431	=	%	%
4	1, 855, 000, 952	÷	48, 062	=	%	%
5	2, 788, 991, 919	÷	34, 587	=	%	%
No.1～No.5　小　計 ① =					1 0 0 %	
6	16, 417. 06033	÷	25, 973	=	%	%
7	0. 028472029	÷	0. 08946	=	%	%
8	8. 014780295	÷	8. 2615	=	%	%
9	1. 13999	÷	0. 9138	=	%	%
10	0. 420477669	÷	1. 6209	=	%	%
No.6～No.10　小　計 ② =					1 0 0 %	
（小計 ① + ②）合　計 =						1 0 0 %
11	¥ 1, 499, 053, 181	÷	75, 683	=	%	%
12	¥ 2, 841, 216, 340	÷	97, 402	=	%	%
13	¥ 610, 139, 599	÷	16, 039	=	%	%
14	¥ 4, 714, 497, 270	÷	64, 530	=	%	%
15	¥ 1, 861, 967, 498	÷	30, 941	=	%	%
No.11～No.15　小　計 ③ =					1 0 0 %	
16	¥ 35, 370, 433	÷	5, 372. 18	=	%	%
17	¥ 259, 498	÷	0. 4926	=	%	%
18	¥ 1, 677	÷	0. 01984	=	%	%
19	¥ 77, 881, 323	÷	825. 67	=	%	%
20	¥ 9, 107	÷	0. 21875	=	%	%
No.16～No.20　小　計 ④ =					1 0 0 %	
（小計 ③ + ④）合　計 =						1 0 0 %

採　点　欄

1級

第9回　1級　見取算問題 （制限時間10分）

採 点 欄

【禁無断転載】

No.	（1）	（2）	（3）	（4）	（5）
1	¥ 248,561,307	¥ 94,256,830	¥ 6,513,048,297	¥ 749,516,302	¥ 5,719,082
2	1,297,548	8,207,693,451	8,219,503	4,096,328,571	310,526,849
3	5,379,814,062	72,194	329,604,875	8,057,496	187,530
4	62,035,179	513,849,067	74,532,016	93,124	82,634,175
5	470,853	6,015,783	196,742	-27,134,058	4,163,705,928
6	7,983,614	-29,380,645	430,758,961	-610,785,943	61,372
7	915,204,736	-1,450,723,968	2,860,154	-4,201,657	204,953,761
8	4,023,618,957	3,401,852	9,061,574,328	52,963,780	7,890,214
9	56,480	782,159,406	3,421,675	3,465,012,879	5,921,048,639
10	80,792,164	5,647,321	57,983,046	8,649,132	49,675,803
11	9,340,528	-830,197	106,235,897	789,435,201	375,406,928
12	158,627,903	-46,975,283	2,791,846,305	-128,365	9,012,587,346
13	7,604,931,285	-639,514,072	4,378,219	-5,802,367,419	8,364,051
14	2,159,036	3,078,462,519	60,982	91,750,683	24,893,167
15	36,872,491	1,298,706	85,917,430	6,894,720	6,270,495
計					

No.	（6）	（7）	（8）	（9）	（10）
1	¥ 6,592,738,410	¥ 74,362,895	¥ 152,430,679	¥ 5,183,076	¥ 48,796,532
2	1,857,234	325,849,017	7,643,581,290	150,637,429	24,910
3	374,926,508	1,976,250	924,753	82,970,165	370,168,425
4	5,071,842	8,057,213,946	25,618,304	6,345,218	5,617,043
5	-81,249,063	94,501	-8,392,416	9,524,816,307	1,839,205,764
6	-682,395	60,831,724	-4,071,953,862	479,568,231	-27,891,053
7	2,069,314,578	548,120,369	-6,729,051	7,391,480	-741,639,528
8	4,590,167	3,697,482	504,837,296	2,716,054,893	6,023,187
9	120,635,789	2,614,783,095	13,296,840	483,902	8,913,574,206
10	53,486,970	501,673	7,103,258	91,206,574	9,405,678
11	71,836	92,365,408	-890,641,537	8,706,915,342	-194,205
12	-9,746,803,251	6,478,231	-27,089	52,086	-5,493,620,781
13	-2,194,603	409,823,157	3,487,065,921	7,824,593	-8,056,937
14	-408,562,179	7,156,890	61,374,805	34,079,621	742,398,106
15	37,915,024	1,938,047,562	9,586,714	685,130,794	31,842,659
計					

（注意）小数第3位未満の端数が出たときは切り捨てること。
ただし、端数処理は1題の解答について行うので
はなく、1計算ごとに行うこと。

【禁無断転載】

採　点　欄

1級

No.	
1	（ 64, 987, 689 ＋ 7, 368, 405 ） ÷ （ 8, 086 ＋ 275 ） ＝
2	（ 1, 872, 847, 204 ÷ 403, 892 ） × （ 8, 131, 856 ÷ 3, 064 ） ＝
3	528, 432 × 1, 975 ＋ 74, 523 × 2, 645 ＝
4	624, 716 × 726, 504 － 36, 945 × 53, 791 ＝
5	（ 94, 356 ÷ 0. 0899 ） ÷ （ 0. 07358 × 0. 5431 ） ＝
6	（ 183, 615 ＋ 721, 354 ） × （ 99, 368 － 54, 682 ） ＝
7	（ 18, 742, 081 ＋ 2, 505, 329 ） ÷ （ 69, 351 － 43, 905 ） ＝
8	（ 2, 109, 198 × 11, 895 ） ÷ （ 54, 082 × 305 ） ＝
9	234, 320 × 78. 4 ＋ 700, 665, 108 ÷ 2, 899 ＝
10	（ 654, 725 × 0. 0743 ） ÷ （ 3, 684 ÷ 0. 967 ） ＝
11	378, 993 × 76, 965 － 877, 584, 455 ÷ 935 ＝
12	（ 843, 154 － 633, 945 ） × （ 72, 894 － 38, 435 ） ＝
13	（ 18, 390, 520 － 3, 589, 672 ） ÷ （ 84, 762 － 52, 304 ） ＝
14	15, 479, 775 ÷ 2, 295 ＋ 20, 402, 694 ÷ 6, 354 ＝
15	（ 9, 854 ÷ 0. 09987 ） ÷ （ 43. 982654 ÷ 0. 8533 ） ＝
16	270, 146, 244 ÷ 3, 786 － 25, 149, 690 ÷ 7, 635 ＝
17	（ 74, 082 － 45, 399 ） × （ 38, 692 ＋ 28, 045 ） ＝
18	（ 286, 961, 469 － 87, 663, 051 ） ÷ （ 6, 535 ＋ 5, 432 ） ＝
19	（ 67, 355 ＋ 3, 846 ） × （ 5, 435 ＋ 74, 382 ） ＝
20	54, 573 ÷ 0. 08463 ＋ 6, 240. 07 × 0. 684 ＝

採 点 欄

（注意）無名数で小数第5位未満の端数が出たとき、名数
で円位未満の端数が出たとき、パーセントの小数
第2位未満の端数が出たときは四捨五入すること。

【禁無断転載】

No.					%	%
1	263, 874	×	30, 596	=	%	%
2	392, 481	×	84, 390	=	%	%
3	731, 250	×	19, 634	=	%	%
4	1, 509, 682	×	5, 321	=	%	%
5	674, 385	×	48, 097	=	%	%
No.1～No.5 小 計 ① =					1 0 0 %	
6	0.905416	×	0.08712	=	%	%
7	0.026719	×	76.153	=	%	%
8	81.7923	×	67.408	=	%	%
9	5.4287	×	25.4039	=	%	%
10	4.17568	×	0.90625	=	%	%
No.6～No.10 小 計 ② =					1 0 0 %	
（小計 ① + ②）合 計 =						1 0 0 %
11	¥ 604, 712	×	94, 023	=	%	%
12	¥ 370, 894	×	26, 530	=	%	%
13	¥ 128, 473	×	45, 319	=	%	%
14	¥ 289, 536	×	53, 647	=	%	%
15	¥ 435, 701	×	31, 908	=	%	%
No.11～No.15 小 計 ③ =					1 0 0 %	
16	¥ 71, 268	×	68.7451	=	%	%
17	¥ 9, 512, 387	×	0.1785	=	%	%
18	¥ 563, 049	×	0.09276	=	%	%
19	¥ 496, 150	×	8.0192	=	%	%
20	¥ 890, 625	×	0.72864	=	%	%
No.16～No.20 小 計 ④ =					1 0 0 %	
（小計 ③ + ④）合 計 =						1 0 0 %

採　点　欄

【禁無断転載】

（注意）無名数で小数第5位未満の端数が出たとき、名数
で円位未満の端数が出たとき、パーセントの小数
第2位未満の端数が出たときは四捨五入すること。

1級

No.							%		%
1	1, 551, 492, 140	÷	93, 610	=			%		%
2	818, 895, 825	÷	20, 845	=			%		%
3	642, 957, 224	÷	15, 736	=			%		%
4	6, 994, 559, 264	÷	732, 568	=			%		%
5	2, 156, 108, 337	÷	36, 957	=			%		%
No.1～No.5　小　　計 ① =						1 0 0	%		
6	0. 235831743	÷	5. 1079	=			%		%
7	0. 0230668196	÷	0. 08492	=			%		%
8	6. 139213572	÷	0. 8421	=			%		%
9	3. 0667777	÷	4. 9703	=			%		%
10	52, 173. 61968	÷	62, 184	=			%		%
No.6～No.10　小　　計 ② =						1 0 0	%		
(小計 ① + ②) 合　　計 =								1 0 0	%
11	¥ 1, 542, 595, 852	÷	80, 164	=			%		%
12	¥ 2, 472, 822, 128	÷	56, 308	=			%		%
13	¥ 1, 964, 497, 170	÷	69, 170	=			%		%
14	¥ 7, 790, 940, 861	÷	94, 853	=			%		%
15	¥ 4, 804, 225, 280	÷	78, 016	=			%		%
No.11～No.15　小　　計 ③ =						1 0 0	%		
16	¥ 24, 753, 681	÷	329. 75	=			%		%
17	¥ 1, 875	÷	0. 03267	=			%		%
18	¥ 316, 710	÷	0. 4721	=			%		%
19	¥ 13, 224	÷	0. 14592	=			%		%
20	¥ 8, 817, 899	÷	2, 534. 89	=			%		%
No.16～No.20　小　　計 ④ =						1 0 0	%		
(小計 ③ + ④) 合　　計 =								1 0 0	%

採　点　欄

【禁無断転載】

No.	（1）	（2）	（3）	（4）	（5）
1	¥ 3,469,712,508	¥ 95,340,612	¥ 246,738,591	¥ 452,901,837	¥ 14,723,586
2	582,640,379	6,028,715,349	1,942,063	3,017,562,498	5,381,620
3	1,897,250	349,528,706	5,468,203,917	68,419,375	7,861,954,032
4	74,358,692	1,064,953	79,165,204	27,069	350,819,247
5	961,047	-83,029	3,520,489	5,086,143	478,305
6	2,056,473,981	-7,291,435	689,710	923,145,806	2,690,784
7	813,094,265	4,260,537,981	801,256,374	8,604,273,915	-98,312,456
8	7,586,319	53,986,147	1,357,894,026	1,960,423	-601,245,397
9	40,125,873	901,874,256	4,327,658	72,518,360	7,089,562
10	5,603,124	628,073	20,761,893	3,694,571	4,035,162,789
11	9,134,278,056	-4,753,198	50,437	472,189	-82,793,401
12	607,359,482	-8,539,162,704	95,472,681	249,836,057	-2,976,430,158
13	8,921,704	-75,240,861	7,032,618,549	80,157,294	-549,126,873
14	21,584,637	186,379,520	8,937,105	1,534,790,682	3,507,916
15	30,916	2,401,687	615,049,832	6,382,705	61,094
計					

No.	（6）	（7）	（8）	（9）	（10）
1	¥ 251,643,809	¥ 8,123,540,679	¥ 156,028,493	¥ 6,783,109	¥ 8,492,671
2	89,370,526	6,987,502	2,478,930,156	531,092,768	27,581,034
3	4,521,798	907,251,346	3,576,804	42,871,950	3,061,274,895
4	9,372,865,014	38,104,759	619,275	562,837	5,407,168
5	107,963	5,362,987	97,385,061	2,807,395,614	140,369,827
6	7,436,185	78,034	-502,167,849	354,108,726	6,123,509
7	-510,298,347	6,052,413,798	-8,431,520	9,364,085	7,503,968,412
8	-69,840,253	480,659,213	3,617,520,984	6,017,289,543	72,950
9	-4,023,715,689	15,230,864	93,761	95,413,207	91,845,763
10	8,094,136	896,175	49,701,238	3,674,915	287,036,149
11	52,701	9,123,046	-830,249,657	724,510,836	4,932,657,081
12	-645,139,827	5,346,782,910	-5,617,042	8,925,471	618,704,253
13	-2,987,460	72,041,365	-7,063,452,918	40,692	4,583,976
14	1,708,463,295	291,865,407	1,874,329	1,960,257,384	395,602
15	36,514,072	4,379,821	24,398,605	81,436,029	59,210,348
計					

採 点 欄

（注意）小数第3位未満の端数が出たときは切り捨てること。
ただし、端数処理は1題の解答について行うので
はなく、1計算ごとに行うこと。

【禁無断転載】

1級

No.	
1	$(44,183,946 + 6,528,345) \div (6,054 + 723) =$
2	$(424,624,719 - 67,254,391) \div (7,362 + 3,824) =$
3	$(80,654 - 53,672) \times (48,355 + 67,035) =$
4	$(2,008,187,690 \div 543,635) \times (7,028,890 \div 2,035) =$
5	$(723,189 \times 0.08265) \div (3,629 \div 0.8438) =$
6	$266,534,128 \div 5,684 - 52,120,572 \div 6,783 =$
7	$27,291,378 \div 4,682 + 34,672,990 \div 8,426 =$
8	$(783,611 - 528,635) \times (68,635 - 46,823) =$
9	$(38,907,062 - 1,589,642) \div (99,605 - 48,833) =$
10	$(83,286 \div 0.0537) \div (0.08924 \times 0.5035) =$
11	$(2,973,538 \times 15,770) \div (78,251 \times 415) =$
12	$426,835 \times 84,322 - 293,513,856 \div 384 =$
13	$194,650 \times 98.1 + 678,408,975 \div 3,615 =$
14	$(643,254 + 523,635) \times (78,345 - 43,821) =$
15	$(8,892 \div 0.08432) \div (28.698352 \div 0.5894) =$
16	$(32,160,048 + 3,405,384) \div (78,540 - 23,908) =$
17	$923,154 \times 328,947 - 28,639 \times 52,741 =$
18	$648,763 \times 2,824 + 18,340 \times 3,629 =$
19	$(81,685 + 2,895) \times (4,683 + 53,435) =$
20	$52,394 \div 0.4032 - 183,097.43 \times 0.284 =$

［編者紹介］

経理教育研究会

商業科目専門の執筆・編集ユニット。
英光社発行のテキスト・問題集の多くを手がけている。
メンバーは固定ではなく、開発内容に応じて専門性の
高いメンバーが参加する。

ちょっと臆病なチキンハートの犬

チキン犬

・とても傷つきやすく、何事にも慎重。
・慎重すぎて逆にドジを踏んでしまう。
・頼まれごとにも弱い。
・のんびりすることと音楽が好き。
・運動は苦手（犬なのに…）。
・好物は緑茶と大豆食品。

■チキン犬特設ページ
http://eikosha.net/chicken-ken
チキン犬LINEスタンプ販売中！

電卓計算問題集1・2級

2021年2月1日　発行

編　者　経理教育研究会
発行所　株式会社 英光社
　　　　〒176-0012　東京都練馬区豊玉北1-9-1
　　　　TEL 050-3816-9443
　　　　振替口座 00180-6-149242
　　　　http://eikosha.net

©2021　EIKOSHA
ISBN 978-4-88327-655-4 1922034007000